ISBN 978-3-662-22723-7   ISBN 978-3-662-24652-8 (eBook)
DOI 10.1007/978-3-662-24652-8

Eltern und Patin
in Dankbarkeit gewidmet

I. Leitende Gesichtspunkte und Kritik der früheren Arbeiten.

Bis zum Jahre 1910, wo die im nachstehenden beschriebenen Versuche begannen, begnügten sich die Forscher, die sich mit Stoff- und Energieumsatz des Wiederkäuers, speziell des Rindes, beschäftigten, mit der Bestimmung der Kohlensäure- und Methanausscheidung nach dem Pettenkoferschen Prinzip. So haben Henneberg und Stohmann[1]), Kühn[2]) Kellner[3]) in ihren grundlegenden Versuchen über die Ernährung der Wiederkäuer diese Methode angewandt.

Die im Respirationsapparat gefundene Gesamtkohlensäure, die vom Wiederkäuer ausgeschieden wird, setzt sich aus zwei Größen zusammen, die für den Stoffwechsel sehr verschiedene Bedeutung haben, nämlich:

1. aus der durch Verbrennung der kohlenstoffhaltigen Substanzen im Tierkörper entstandenen, dem Energieumsatz der Gewebe entsprechenden Kohlensäure;

2. aus der durch die Gärung in dem komplizierten Magen- und Darmtraktus der Wiederkäuer entstehenden Menge.

---

[1]) Henneberg und Stohmann, Beiträge zur Gründung einer rationellen Fütterung der Wiederkäuer 1864, 2. Heft.

[2]) Gustav Kühn, Arbeiten aus der Hinterlassenschaft von Prof. Dr. .... Landwirtschaftl. Vers.-Stat. 44, spez. S. 257 bis 581.

[3]) O. Kellner, Die Ernährung der landwirtschaftlichen Nutztiere. Berlin 1913. 4. Aufl.

Der ca. 80 kg betragende Panseninhalt, der sich aus Anteilen mehrerer Tagesrationen zusammensetzt, ist eine einzige, in immerwährender Gärung begriffene Masse. Bei dieser Gärung werden neben verschiedenen organischen Säuren (Milch-, Essigsäure und ihren Homologen bis zur Valeriansäure), auch Alkohol, und besonders Kohlensäure, Methan und Wasserstoff gebildet. Eine andere sich zu dieser Gärkohlensäure addierende Kohlensäurequelle, die mit dem Energieumsatz des Körpers nur in sehr indirektem Zusammenhang steht, fließt aus dem, ich möchte sagen, Carbonatkreislauf beim Wiederkäuer. Mit dem Speichel wird eine große Menge von Carbonaten (ca. 300 g Soda pro Tag entsprechend) in den Pansen ergossen. Die bei der Gärung entstehenden flüchtigen Säuren treiben die Kohlensäure aus. Die entstandenen Seifen werden in den folgenden Darmabschnitten resorbiert, und in den Geweben gelangen die organischen Säuren zur Verbrennung, wobei wieder Carbonate gebildet werden, die durch die Speicheldrüse abermals ausgeschieden werden. Waren auch die Grundlagen dieser Anschauungen schon früher bekannt, so wurden sie doch bei den Stoffwechselversuchen gar nicht oder zu wenig berücksichtigt. Erst die in der letzten Zeit veröffentlichten Versuche von Markoff[1]) haben über diese Vorgänge Klarheit geschaffen.

Die Frage, auf die es den früheren Forschern hauptsächlich ankam: Wieviel bleibt von dem in der Nahrung den Wiederkäuern zugeführten Kohlenstoff im Körper zurück? konnte durch die Kenntnis der Kohlenstoffmenge in den festen, flüssigen und gasförmigen Ausscheidungen gelöst werden. Da angenommen wurde, daß aller zurückgebliebene Kohlenstoff, nach Abzug für das aus dem Stickstoffansatz berechnete neugebildete Muskelfleisch, in Fett umgebildet wird, so konnte man das sogenannte Fettbildungsvermögen eines Futtermittels und ganzer Futtermischungen bestimmen, eine Berechnung, deren Resultate bekanntlich Kellner in seinen „Stärkewerten" zum Ausdruck gebracht hat.

Über den Energieumsatz des Körpers selbst sagten diese Versuche noch nichts aus. Deswegen mußte zum Studium des

---

[1]) Markoff, Fortgesetzte Untersuchungen über die Gärungsprozesse bei der Verdauung der Wiederkäuer und des Schweines. Biochem. Zeitschr. **57**, Heft 1/2, 1913.

Energieaufwandes des Rindes bei verschiedenen Lebensäußerungen, wie Liegen, Stehen, Futteraufnahme, Gehen und anderen Arbeitsleistungen, ferner der Wirkung verschiedener Futtermittel auf den Stoffwechsel (spezifische Wirkung) eine andere, von den Gärvorgängen unabhängige Größe eingeführt werden. Bis jetzt besitzen wir keine Methode, die eine vollkommene Trennung des Bakterienstoffwechsels von dem des Tieres gestattet. Da jedoch die bakteriellen Vorgänge so gut wie vollkommen anaërob verlaufen, darf man annehmen, daß der Sauerstoffverbrauch sich fast ausschließlich in den Organen des Tieres vollzieht. Außerdem ermöglicht die Bestimmung des Sauerstoffverbrauches eine wesentlich genauere Messung der wahren Energieproduktion, als dies durch die Kohlenstoffbilanz allein möglich ist. Wissen wir doch, daß der calorische Wert der gebildeten Kohlensäure auch bei vollständiger Verbrennung der verschiedenen Nährstoffe in sehr weiten Grenzen schwankt [vgl. N. Zuntz und A. Löwy[1]), Lehrbuch d. Physiol. des Menschen, S. 650]. Ich erinnere nur daran, daß von den drei Hauptnährstoffen:

$$\text{Kohlenhydrat pro 1 l gebildeter } CO_2 = 5043 \text{ Cal}$$
$$\text{Fett} \quad \text{„ 1 l „} \quad CO_2 = 6575 \text{ „}$$

liefern.

Von den bei der Gärung enstehenden Stoffen liefern:

$$\text{Essigsäure} \quad \text{pro 1 l gebildeter } CO_2 = 4681 \text{ Cal}$$
$$\text{Buttersäure} \quad \text{„ 1 l „} \quad CO_2 = 5809 \text{ „}$$
$$\text{Alkohol} \quad \text{„ 1 l „} \quad CO_2 = 7265 \text{ „}$$

Die aus diesen Zahlen ersichtliche Unsicherheit der indirekten Berechnung der Wärmeproduktion aus dem Stoffwechsel fällt weg bei der direkten Bestimmung der Wärmeabgabe im Calorimeter. Dieser Methode bedienten sich Armsby[2]) und Hagemann[3]). Bei kleinen, leicht durch Dressur in einem absolut ruhigen Zustand verharrenden Tieren, wie z. B. dem

---

[1]) Zuntz-Löwy, Physiologie des Menschen. Lehrbuch 2. Aufl. Berlin 1913.

[2]) H. P. Armsby und A. Fries, Die nutzbare Energie des Timothyheues. Landw. Jahrb. 1904.

[3]) O. Hagemann, Das Respirationscalorimeter in Bonn und einige Untersuchungen mit demselben bei zwei Rindern und einem Pferde. Ebenda 41, Erg.-Bd. I.

Hund, oder dem sich durch den Willen zur Ruhe zwingenden Menschen hat sich das Calorimeter ausgezeichnet bewährt (Rubner, Atwater, Benedikt) und sehr exakte Resultate ergeben. Dagegen hat sich im Laufe der letzten Jahre wohl herausgestellt, daß die Handhabung des Calorimeters für große Tiere, besonders Wiederkäuer, durch die rasch wechselnden Lebensäußerungen, wie Liegen und Stehen, Wiederkauen und nicht Wiederkauen, sehr schwierig wird. Aber auch diese Bestimmung der Wärmeabgabe läßt uns darüber im dunkeln, welche Anteile dem Stoffwechsel des Tieres und welche den Gärungsprozessen zukommen.

In dieser Beziehung steht die Bestimmung des Sauerstoffverbrauchs günstiger: denn da die Gärungsprozesse, wie schon erwähnt, anoxybiotisch sind, vollzieht sich der O_2-Verbrauch nur in den Geweben des Tieres. Allerdings aber an einem Material, dessen Zusammensetzung wir nur unvollkommen kennen, da neben Eiweiß, Fett und Kohlenhydraten auch die Gärprodukte (flüchtige Fettsäuren, Oxysäuren, Alkohole) im Organismus oxydiert werden. Trotzdem bringt uns die Kenntnis des Sauerstoffverbrauchs dem wahren Energieumsatz im Tierkörper wesentlich näher. Das erhellt aus folgender Zusammenstellung der einem 1 O_2 bei Verbrennung der verschiedenen in Betracht kommenden Nährstoffe entsprechenden Wärmebildung:

Fett . . . . 4622 Cal
Kohlenhydrat . . . . 4976 „

Essigsäure . . . . . . 4681 Cal
Buttersäure . . . . . 4669 „
Alkohol . . . . 4873 „

Aus diesen Zahlen geht hervor, daß bei der Oxydation organischer Verbindungen für 1 l verbrauchten Sauerstoffs eine Wärmemenge frei wird, die bei den verschiedensten Stoffen nur geringe Schwankungen zeigt, während der calorische Wert der Kohlensäurebildung, wie S. 7 gezeigt, weit auseinanderliegende Größen ergibt. Einer besonderen Betrachtung bedarf der Eiweißumsatz wegen der großen Menge unverbrannter organischer Verbindungen, die beim Wiederkäuer in den Harn übergehen. Würde man alle diese Substanzen als Reste des Eiweißabbaues ansehen, wie das beim Omnivoren und Fleischfresser, wenn auch nicht ganz richtig, doch üblich ist, so würde man diesen Abbau ganz falsch beurteilen. Hierauf näher einzugehen, liegt nicht im Bereich meiner Aufgabe. Es ist aber wichtig, den brennbaren Bestandteilen im Harn ebenfalls Rechnung zu tragen.

So dürfte wohl in Zukunft bei der Untersuchung des Stoff- und Energieumsatzes unserer großen Haustiere der zweite Weg — die indirekte Calorimetrie durch Bestimmung der Sauerstoffaufnahme neben der Kohlensäureausscheidung — der aussichtsreichste sein, zumal wenn die Methode der direkten Bestimmung des Sauerstoffverbrauches · bei der Verbrennung der Nahrungsmittel und der Ausscheidungen noch verfeinert wird, woran in unserem Institut andauernd gearbeitet wird[1]).

Die Untersuchungen des Gaswechsels basieren entweder auf dem Zuntzschen Prinzip der direkten Messung der Lungenatmung oder dem Regnault-Reiset-Prinzip der Atmung in einem abgeschlossenen Tierbehälter. Die methodische Beschreibung kann ich hier unterlassen, wenn ich auch bei Besprechung meiner späteren Versuche kurz darauf eingehen muß.

Die ersten derartigen Versuche sind, wenn wir von den zahlreichen Versuchen am Menschen absehen, die bekannten Untersuchungen von Zuntz, Lehmann, Hagemann[2]) am Pferd nach der Zuntzschen Methode. Hagemanns[3]) Versuche und die Ustjanzews[4]) am Schaf gehören ebenfalls hierher. Das gleiche Prinzip wurde auch von Pächtner[5]) angewandt bei Kälbern, ebenso von Dahm[6]). Das Regnault-Reiset-Prinzip

---

[1]) Seit kurzem ist es gelungen, diese von Zuntz stammende Methode zu einer sehr exakten und wenig Zeit in Anspruch nehmenden Arbeitsmethode auszubauen. Darüber wird an anderer Stelle berichtet.

[2]) Zuntz-Lehmann-Hagemann, Untersuchungen über den Stoffwechsel des Pferdes bei Ruhe und Arbeit. Landw. Jahrb. 17 u. 18.

[3]) O. Hagemann, Beitrag zur Lehre vom Stoffwechsel der Wiederkäuer. Arch. f. Anat. u. Physiol. 1899 Suppl.

[4]) W. Ustjanzew, Die energetischen Äquivalente der Verdauungsarbeit bei den Wiederkäuern (Schafen). Biochem. Zeitschr. 37, 457, 1911.

[5]) Johannes Pächtner, Respiratorische Stoffwechselforschung und ihre Bedeutung für Nutztierhaltung und Tierheilkunde. Mit einem Beitrage zur Kenntnis vom Lungengaswechsel des Rindes. Berlin 1909, R. Schötz.

[6]) Carl Dahm, Die Bedeutung des mechanischen Teiles der Verdauungsarbeit für den Stoffwechsel des Rindes. Biochem. Zeitschr. 28, Heft 5/6, S. 456 bis 504, 1910.

liegt den zahlreichen, in den letzten 3 Jahren im tierphysiologischen Institut ausgeführten und zum Teil veröffentlichten Untersuchungen zugrunde[1]). Da meine Versuche sich zum Teil in der gleichen Richtung wie die von Pächtner und Dahm bewegen, so muß ich auf deren Arbeiten kurz eingehen. Die Pächtners zerfällt in zwei Abschnitte, in einen kritisch historischen über die Entwicklung und Bedeutung respiratorischer Stoffwechselarbeiten und einen experimentellen Teil, worin besonders der Einfluß verschiedener Lebensäußerungen, wie Kauen und Wiederkauen, auf den Energieumsatz untersucht wird. Der Einfluß des Liegens ist nicht weiter berücksichtigt, doch finden sich in den Protokollen hierauf bezügliche Versuche, die ich später noch anführen werde.

Der schönen experimentellen Arbeit Dahms liegt neben zwei vollständig durchgeführten Ausnützungsversuchen und neben den Untersuchungen über die Größe der Kau- und Wiederkauarbeit die Fragestellung zugrunde, ob auch beim Wiederkäuer der Mehrgehalt einer Ration an ballastreichem Futter, also die mechanische Belastung des Magendarmtraktus, eine den Energieumsatz steigernde Wirkung besitzt. Über die Wirkung des Liegens und Stehens geben nur zwei unter sich vergleichbare Versuche Aufschluß. Auf diesen Mangel komme ich nochmals zurück.

Dahm vergleicht zwei Versuchsreihen, die beinahe gleiche Mengen verdauter Nährstoffe liefern: eine an Getreideschrot reiche und rauhfutterarme mit einer rauhfutterreichen, aber schrotarmen.

Um die Größe des Energieumsatzes zu bestimmen, wird der respiratorische Gaswechsel über 24 Stunden in jeder Reihe untersucht. Zu diesem Zwecke wurde alle 2 Stunden ein etwa

---

[1]) Dr. R. von der Heide, Tierarzt Klein und Prof. Dr. Zuntz, Respirations- und Stoffwechselversuche am Rinde über den Nährwert der Kartoffelschlempe und ihrer Ausgangsmaterialien. Landw. Jahrb. 1913. — Prof. N. Zuntz, Dr. R. von der Heide, Tierarzt Klein, Zum Studium der Respiration und des Stoffwechsels der Wiederkäuer. Landw. Versuchsstationen 1913. — N. Zuntz, Die Beziehungen der Mikroorganismen zur Verdauung. Die Naturwissenschaften 1913, Heft 1. — Derselbe, Neuere Forschungen, betreffend die Verfütterung zuckerhaltiger Nährmittel. Vortrag. Zeitschr. des Vereins d. deutsch. Zuckerind. 64, 1914.

$1/_2$ stündiger Respirationsversuch angestellt, in dem die Sauerstoffaufnahme und Kohlensäureabgabe bestimmt wurden. Aus dem daraus berechneten Verbrauch pro Kilogramm und Minute wurde der 24-Stundenwert berechnet. In Dahms Versuchen kam wechselndes Verhalten des Tieres zur Beobachtung, indem die Versuche zur vorausbestimmten Zeit begonnen wurden, einerlei ob das Tier lag oder stand, ob es wiederkaute oder nicht; stets wurde aber darauf geachtet, daß es sich möglichst ruhig verhielt. Aus den vorher für das Wiederkauen, Stehen und Liegen gewonnenen Werten und aus der beobachteten Gesamtzeit dafür reduziert er dann die Resultate der beiden Reihen auf das stehende Tier, um so die Möglichkeit zu schaffen, beide Reihen gut vergleichen zu können. Auf diesem an und für sich richtigen Wege kommt dann Dahm zu dem Schlusse, daß durch die mechanische Beschaffenheit des Futters die Verdauungsarbeit und damit der Energieaufwand erheblich gesteigert wird, und zwar um 21,3 %, so daß pro 1 g Cellulose der Nahrung 0,5 Cal mechanischer Verdauungsarbeit bedingt würden. Dieser Wert ist zwar etwa 4 mal kleiner als der Einfluß der Cellulose auf den Stoffwechsel des Pferdes, wie ihn Zuntz und Hagemann gefunden und Hagemann durch seine Versuche im Respirationscalorimeter bestätigt hat. Immerhin erscheint er hoch, wenn man bedenkt, daß beim Rinde die Hauptleistung bei der Verdauung und Zersetzung der Cellulose sich ohne mechanische Arbeit durch die Gärvorgänge in den Vormägen vollzieht. Diese Überlegung hat mich nun nicht nur zur nochmaligen experimentellen Nachprüfung dieser Untersuchungen auf anderen Wegen, sondern auch zu einem sehr eingehenden kritischen Studium der Dahmschen Arbeit veranlaßt. Da Dahm nun die einzelnen Respirationsversuche sehr sorgfältig angestellt hatte, so konnte, wenn eine unrichtige Schlußfolgerung vorlag, dieser Fehler nur auf der Gruppierung der zu vergleichenden Versuche und der daraus resultierenden Berechnung des 24-Stundenverbrauches in der einen oder anderen Versuchsreihe beruhen.

Beim Studium der Versuchsprotokolle fällt nun auf, daß zur Berechnung des 24 stündigen Energieumsatzes in der ballast(rohfaser)armen Periode beinahe lauter Liegeversuche, in den Versuchen mit viel Rohfaser meist Versuche am stehenden

Tier benutzt wurden. Zahlenmäßig drückt sich dies so aus: Von 290 Versuchsminuten der schrotreichen rohfaserarmen Periode liegt das Tier 193 Minuten $= 67^0/_0$, in der rohfaserreichen Periode, in der zwei Versuche von je 24 Stunden Dauer ausgeführt wurden, beim ersten von 246 Versuchsminuten nur $63 = 25^0/_0$, beim zweiten überhaupt nicht. Da nun Dahm beim Vergleich der zwei Perioden den Energieumsatz für 24 Stunden auf das stehende Tier bezieht, so ist bei der Konstellation der Respirationsversuche klar, daß die Größe der entsprechend korrigierten Werte von dem Faktor abhängt, der für die Steigerung durch das Stehen gegenüber dem Liegen angenommen wird.

Dahm gibt nun eine Steigerung von $8^0/_0$ an. Er stützt sich wohl wesentlich auf den Vergleich der Versuche 14, 15 und 17 seines Versuchsprotokolls im Liegen, die im Mittel einen Minutenverbrauch von 1123 ccm O_2 resp. 23,0 Cal ergaben; ihm gegenüber unter ganz gleichen Bedingungen hatte Versuch 16 beim stehenden Tier 1258 ccm (O_2) Verbrauch resp. 25,5 Cal. Da während eines Viertels der Versuchszeit wiedergekaut wurde, so ist hier der Wert um $3,3^0/_0$ zu verkleinern auf 1220 ccm Sauerstoffverbrauch, resp. 24,65 Cal. Es würde demgemäß das Stehen den Sauerstoffverbrauch um 97 ccm $= 8,6^0/_0$ und den Energieverbrauch um 1,65 Cal $= 7,2^0/_0$ steigern. Wir finden aber in Dahms Versuchsprotokollen andere Vergleichsdaten, in denen der Effekt des Stehens höher ist. Besonders erwähnenswert sind hier die Versuche 61 und 62, die der Rauhfutterperiode angehören, und die zwei Monate später als die vorher erwähnten Versuche angestellt waren. In den Versuchen 61 und 62 sind die Ernährungsbedingungen identisch, da das Tier seit mehr als 12 Stunden nüchtern war und irgendwelche Unruhe nicht bemerkt wurde. Das Tier hat nun in Versuch 61 $84^0/_0$, in Versuch 62 $32^0/_0$ der ganzen Versuchszeit wiedergekaut. Rechnen wir hierfür eine steigernde Wirkung von $14^0/_0$, so haben wir reduziert auf gleiche Dauer des Wiederkauens ($32^0/_0$) für Versuch 61 einen Sauerstoffverbrauch von 1177 ccm; für Versuch 62 einen solchen von 1021 ccm. Die Differenz beträgt 156 ccm und ist darauf zurückzuführen, daß in Versuch 61 das Tier $79^0/_0$ der ganzen Zeit, in Versuch 62 nur $16^0/_0$ derselben stand. Ein Mehrstehen von $63^0/_0$ der ganzen Versuchszeit erhöht also den Verbrauch einer Minute um 156 ccm, ein Stehen während der ganzen Zeit um 247 ccm, das sind 24,2 $^0/_0$ des Liegewertes. Also ein 3 mal höherer Wert, als ihn Dahm bei dem früher besprochenen Versuch berechnet hatte. So dürfte also die Dahmsche Zahl den Minimalwert darstellen. Armsby findet nun in zahlreichen Versuchen an Ochsen einen durchschnittlichen Unterschied von 30 $^0/_0$ zwischen Stehen und Liegen. Ich habe aus Versuchsprotokollen Pächtners bei Kälbern beim Vergleich von liegenden und stehenden Tieren eine Steigerung von 8 bis 16 $^0/_0$ berechnet. Nur die Stehversuche bei denen ausdrücklich absolute Ruhe verzeichnet war (Versuch 15, 17, 18) wurden berücksichtigt. Das Versuchstier stand dabei im Stall auf Strohstreu.

Über die beiden 24-Stundenversuche Dahms bei Rauhfutter ist noch folgendes zu vermerken: sie unterscheiden sich voneinander dadurch, daß in der zweiten Reihe das Tier erheblich schwerer ist, das Gewicht war von 259 auf 298 kg gestiegen. Die erhebliche Differenz im Minutenverbrauch (erste Reihe, im Mittel 1154,4 ccm Sauerstoff gegen 1437,4 ccm $= 24,5 \, ^0/_0$ mehr in der zweiten Reihe) erklärt sich zum großen Teil, aber nicht vollständig, aus der Gewichtszunahme, zu einem weiteren Teil daraus, daß das Tier in der ersten Reihe mehr lag wie in der zweiten. Der Effekt des höheren Gewichtes wird, wenn auch nicht ganz richtig, eliminiert, wenn wir die Werte pro 1 kg berechnen. Wir haben dann im Mittel der 12 Versuche der ersten Reihe 4,45 ccm Sauerstoff pro Minute, im Mittel der zweiten Reihe 4,825 ccm. Das Plus beträgt also nur noch 8,4 $^0/_0$. Im ganzen wurde in der ersten Periode von 246 Versuchsminuten 121, in der zweiten von 183 Minuten 82 Minuten wiedergekaut. Das macht im ersteren Falle 49 $^0/_0$, im zweiten 45 $^0/_0$ der ganzen Dauer.

Für diese geringe Differenz erscheint eine Korrektur überflüssig. So wäre also das Plus zunächst darauf zu beziehen, daß das Tier in der ersten Reihe 63 Minuten von 246 Versuchsminuten gelegen hat, während es in der zweiten andauernd stand. Es kämen also, wenn $^{63}/_{246}$ der ganzen Zeit gestanden wird, 0,375 ccm Mehrverbrauch pro Minute, also wenn die

ganze Zeit gestanden wird, auf eine Minute Stehen = 1,464 ccm
= 48,8 $^0/_0$ Steigerung. Eigentlich müßten die beiden Werte
auf gleiche Oberflächen bezogen werden, was die Differenz
zwischen Liegen und Stehen noch erhöhen würde. Es kann
also der Unterschied der beiden Reihen bei Rohfaserfütterung
durch den Unterschied in der Muskeltätigkeit, d. h. durch
längeres Stehen allein nicht erklärt werden, auch dann nicht,
wenn man die höheren Werte von Armsby für das Stehen
zugrunde legt. Andererseits wird man aber den Mehrverbrauch
für Stehen nicht so niedrig veranschlagen dürfen, wie es Dahm
seinerzeit getan hatte. Es würde sich aber mit einem höheren
Zuschlag für Stehen der 24-Stundenverbrauch in der Schrotperiode
ebenfalls erhöhen, der Unterschied gegenüber dem Verbrauch in
der rohfaserreichen Periode und damit der Aufwand für die
mechanische Verdauungsarbeit sich erniedrigen. Es würde
eine Erhöhung um 4 bis 6 $^0/_0$ genügen, d. h. eine Einschätzung
des Mehraufwandes für Stehen auf 12 bis 14 $^0/_0$, um beinahe
den gleichen Energieverbrauch in beiden Perioden zu bekommen.

Bei der Wichtigkeit der Werte des Stehens und Liegens,
des Wiederkauens und nicht Wiederkauens in Versuchen, in
denen der Energieumsatz unserer großen Haustiere bei doch
immer wechselndem Verhalten verglichen werden soll, verlohnt
es sich wohl, die früher gefundenen Werte nachzuprüfen und
speziell den Unterschied zwischen stehendem und liegendem Tier
nochmals zu studieren. Außerdem habe ich in dieser Arbeit
untersucht, inwieweit die drei gebräuchlichen Methoden (Reg-
nault-Reiset verbessert von Zuntz, Pettenkofer-Tiger-
stedt und Zuntz) bei Versuchen an großen Wiederkäuern zu
vergleichbaren Werten führen. Ferner liefern die Versuche
einen Beitrag zu der Frage, ob die Kastration den Energie-
wechsel des Wiederkäuers beeinflußt.

II. Respirationsversuche bei Trachealatmung.

Kanülenversuche nach dem Zuntzschen Prinzip.

Zu meinen Versuchen stand mir das bereits von Dahm
benutzte Tier zur Verfügung. Am 10. XII. 1910 wurde der
Bulle im Alter von $2^1/_4$ Jahren, nachdem vorher die Dimen-

sionen des Körpers und sein respiratorischer Gaswechsel nach
Pettenkofer bestimmt worden war, von mir kastriert. Die
Operation wurde am stehenden Tier vorgenommen und verlief glatt
und ohne Komplikationen. In den Februar und März 1911 fallen
die nachfolgenden Versuche. Die Versuchsanordnung war dieselbe
wie bei den bereits veröffentlichten Arbeitsversuchen[1]). Im
Respirationsapparat befand sich das Tier und der das Tier
beobachtende Diener, der zugleich sein Pfleger war. Das Tier
stand auf der aus Eichenbohlen zusammengesetzten Tretbahn.
Der Experimentator und noch eine Hilfskraft befanden sich
außerhalb des Kastens. Es wurde auf möglichste Ruhe beim
Experimentieren geachtet, was um so leichter ging, weil ja alle
Manipulationen außerhalb des verschließbaren Kastens stattfanden. Es wurde so eine Beunruhigung des Tieres vermieden.
Die Anstellung der Versuche und die Probeentnahme betätigte
ich auf die gleiche Art, wie sie Zuntz und Pächtner angegeben haben. Bei den früheren Versuchen wurde es viel-
fach als Störung empfunden, daß das Tier mitten im Versuch
sich niederlegte oder anfing, wiederzukauen oder unruhig wurde.
Bei meinen vorstehenden kritischen Darlegungen war ich mehr-
fach genötigt, komplizierte Rechnungen auszuführen, um aus
den früheren Versuchen Schlüsse, denen aber immer eine gewisse Unsicherheit anhaftet, zu ziehen. Ich habe deshalb die
Versuchsanordnung auf folgende Art modifiziert:

An dem Abzweigrohr für die Analysenluft war nicht eine
Gassammelröhre, wie üblich, anmontiert, sondern deren 6, jede
durch zwei Glashähne verschließbar. Die Rohre waren vorher
mit angesäuertem und mit Atemluft geschütteltem Wasser gefüllt worden. Nachdem ich nun durch eine mehr als 10 Minuten
dauernde Voratmung die Überzeugung gewonnen hatte, daß
die Atmung des Tieres vollständig gleichmäßig geworden war,
begann ich die erste Probeentnahme. Gab nun der Beobachter
ein Zeichen, daß der Zustand des Tieres sich änderte, so wurde
die eben im Gang befindliche Sammlung der Exspirationsluft
durch Schließen der Glashähne der ersten Röhre unterbrochen
und gleichzeitig der Stand der Gasuhr abgelesen, wie dies im

---

[1]) Tierarzt Klein, Der Energieaufwand des Rindes bei Arbeit.
Centralbl. f. Physiol. 26, Nr. 16.

allgemeinen jede Minute zur Kontrolle der Gleichmäßigkeit der Atmung geschah. Um sofort das der neuen physiologischen Bedingung entsprechende Gas sammeln zu können, brauchte die Hilfskraft die an dem Schnurlauf befindliche Auslaufspitze nur an den vor dem Versuch genau markierten, mit der oberen Kuppe der Gassammelröhren kommunizierenden Punkt zu rücken, die Hähne der zweiten Röhre zu öffnen und der zweite Versuch nahm seinen Anfang. Dauerte die Phase lange genug, um die Sammelröhre vollständig mit Exspirationsluft zu füllen, so wurde er beendet. Änderte sich die Phase abermals, so wurde, wenn die neue der ersten konform war, der erste Versuch zu Ende geführt, oder aber bei einem neuen Wechsel des physiologischen Zustandes eine dritte Probeentnahme begonnen. Es wurde darauf gesehen, daß jeder Versuch so lange dauerte, bis das ganze Wasser der Sammelröhre ausgehebert war, um ja jede Absorption der Kohlensäure durch das Sperrwasser zu vermeiden. Proben in nur halb entleerten Röhren wurden nicht analysiert. Am Schluß jeder Versuchsreihe überzeugte ich mich, daß der Tampon der Kanüle noch genügend aufgeblasen war, also kein Verlust von Exspirationsluft stattgefunden hatte. Es gelang mir so, die Respirationsgröße jeder einzelnen Phase genau zu bestimmen und für jede eine gute Durchschnittsprobe zu gewinnen. Ebenso führte der Beobachter des Tieres über das Verhalten desselben genau Protokoll. Über das Verhalten des Tieres ist folgendes bemerkenswert. Es war unserm Tier eigentümlich, beim Stehen einmal pro Minute abwechslungsweise die Vorderbeine zu heben, hin und wieder auch den Schwanz. Da es die gleichen Bewegungen auch im Stand zeigte, so können dieselben als Unruheerscheinungen nicht bezeichnet werden, wenn sie natürlich auch eine steigernde Wirkung auf den Umsatz des stehenden Tieres hervorrufen mußten. Versuche, in denen das Tier größere Unruhe zeigte, z. B. Auf- und Niederbewegen des Kopfes, stärkere Bewegungen der Hinterhand wurden eliminiert.

Gruppierung der Versuche.

1. das ruhend stehende Tier längere Zeit nach der Futteraufnahme (relative Nüchternwerte),

2. dasselbe bald nach der Futteraufnahme,

3. das stehende Tier bei Futteraufnahme (Kauarbeit),
4. dasselbe beim Wiederkauen,
5. das liegende Tier,
6. das liegende und wiederkauende Tier.

A. Heuschrotfütterung.

In der Verabreichung des Futters wich ich von Dahm ab. Dahm teilte das Futter in 5 Portionen, verfütterte je einen Teil morgens zwischen 8 und 10, 10 und 12, 12 und 2, 4 und 6, 6 und 8 Uhr. Diesen Zeitintervallen folgte je ein Respirationsversuch nach. Ich fütterte in drei Abschnitten, morgens, mittags und abends. Dadurch näherte ich mich mehr den Verhältnissen der Praxis und erzielte eine größere, durch neue Futteraufnahme nicht unterbrochene Serie von Wiederkauversuchen, und, weil das Tier satt und der Pansen gefüllt war, im ganzen eine größere Ruhe. Bemerken möchte ich noch, daß ich unter meinen Versuchen keine Auswahl getroffen habe, sondern alle in der Generaltabelle zusammengestellt und auch alle zur Berechnung der nachfolgenden Mittelwerte herangezogen habe.

Tabelle I.

Stehend-Minutenwerte pro 1 kg Körpergewicht, 11 bis 14 Stunden nach der letzten Futteraufnahme und vor dem Morgenfutter (relative Nüchternwerte).

1	2	3	4	5	6
Versuchs-Nr.	CO_2 ccm	O_2 ccm	R.Q.	cal	Cal in 24 Std. pro 1 qm
4	3,1	4,1	0,774	19,6	—
7	3,4	4,0	0,843	19,7	—
14	3,3	4,1	0,810	20,0	—
15	3,2	4,0	0,820	19,4	—
Mittel	3,25	4,05	0,816	19,7	1759
Dahms Mittel	3,67	4,36	0,840	21,4	1548[1]

In Kolonne 6 wurden beide Calorienwerte mit dem Meehschen Faktor 12,4 berechnet; in den nachfolgenden Tabellen diente der Einfachheit halber der Faktor 10.

---

[1] In Dahms Arbeit findet sich S. 501 die Zahl 1410 Cal, doch wurde dieser Wert nicht mit dem angegebenen Meehschen Faktor 12,4, sondern 13,4 berechnet. Die Zahl 1548 ergibt die Wärmeproduktion mit dem Meehschen Faktor 12,4.

Nach Beendigung der Morgenversuche bekam der Ochse 3 kg Heu und eine Handvoll Schrot, von der aus 8 kg gehäckseltem Heu und 1,65 kg Schrot bestehenden Tagesration, das gleiche Futter mittags, abends dann 2 kg Heu und den Rest Schrot. Die Ration ist äquivalent der in der Dahmschen Rauhfutterreihe verabfolgten bezogen auf gleiche Körperoberfläche.

Tabelle II.
Direkt nach Futteraufnahme.

Versuchs-Nr.	CO_2 pro Min. ccm	O_2 pro Min. ccm	R.Q.	cal pro Min.	Zeit nach Futteraufnahme in Minuten
1	4,13	4,8	0,868	23,5	10
3	4,13	4,8	0,872	23,6	12
5	3,90	4,3	0,931	21,4	30
9	4,00	4,1	0,970	20,6	20 vorher wiedergekaut
10	3,90	4,5	0,864	22,0	43
Mittel	4,012	4,50	0,901	22,2	—
Mittel bei Dahm	4,54	5,26	0,87	25,6	—

Die Wärmeproduktion übersteigt die des relativen Nüchternwertes um $12,7^0/_0$. Einen Vergleich mit dem aus Dahms Tabelle II entnommenen Mittelwert 25,6 Cal anzustellen dürfte nicht angängig sein, weil sich unter Dahms Versuchen einige mit sehr viel reichlicherer Futteraufnahme und dementsprechend höheren Werten befinden. Er gibt $21,3^0/_0$ an, doch erniedrigt sich dieser Wert unter Ausschaltung von Versuch 11, dem eine abundante Schrotfütterung vorangegangen ist und der deshalb mit dieser Versuchsreihe nicht in Vergleich gezogen werden. kann, auf $15^0/_0$, also eine Zahl, die der meinen nahe kommt.

Tabelle III.
Während der Futteraufnahme.

Versuchs-Nr.	CO_2 ccm	O_2 ccm	R.Q.	cal
8	4,5	5,6	0,805	27,4
16	4,5	5,4	0,824	26,6
Mittel	4,50	5,50	0,814	27,0
Dahm	4,92	5,97	0,82	28,8

Die Steigerung gegenüber den relativen Nüchternwerten berechnet sich auf $37,1^0/_0$, Dahm findet $36,1^0/_0$.

Tabelle IV.

Wiederkauversuche im Stehen.

Versuchs-Nr.	CO_2 ccm	O_2 ccm	R.Q.	cal
2	4,69	5,3	0,882	26,4
6	4,20	5,2	0,814	25,3
11	4,30	5,1	0,850	25,2
Mittel	4,40	5,20	0,849	25,6
Dahm	4,005	5,016	0,79	24,0

Der Vergleich muß, da die Wiederkauversuche der Tabelle IV auf der Höhe der Verdauung stattfanden, mit den Werten der Tabelle II vorgenommen werden. Ich finde so eine Erhöhung der Wärmeproduktion um $13,5^0/_0$ durch das Wiederkauen. Vergleiche ich noch die Versuche vom 10. III. ante coenam, wo ein Wiederkauversuch dem relativen Nüchternversuch vorangeht, so berechnet sich daraus eine Steigerung der Wärmeproduktion um $14,4^0/_0$, also auch mit den Werten auf der Höhe der Verdauung in guter Übereinstimmung. Da die von Dahm zur Berechnung verwandten zwei Versuche ebenfalls in eine Zeit minimalen Verbrauches während der zweiten Periode fallen, so wären diese mit dem Versuch vom 10. III. zu vergleichen und ergeben mit 14,1 resp. $15,6^0/_0$ den gleichen Wert.

Tabelle V.

Liegeversuche.

Vers.-Nr.	CO_2 ccm	O_2 ccm	R.Q.	cal	Stunden nach der Mahlzeit		
17	2,4	3,1	0,784	15,0	1	absol. Ruhe	Kopf des Tieres liegt ausgestreckt auf dem Boden
18	2,7	3,1	0,849	15,3	$1^1/_2$	„ „ schläft	
19	3,3	3,7	0,872	18,4	3		
20	3,1	3,6	0,866	17,8	3	Mittel 1685 Cal p. 1 qm u. 24^h	
32	3,1	3,5	0,870	17,5	$3^1/_2$		
Mittel	2,92	3,40	0,848	16,8			

Wie aus den früheren Erörterungen hervorgeht, differieren die bisherigen Angaben über die Erhöhung des Stoffverbrauches und der Wärmebildung beim Stehen, verglichen mit dem liegenden Tier, recht erheblich; während Dahm $8^0/_0$ angibt und Armsby $30^0/_0$, gestalten sich meine Werte folgendermaßen: gegenüber dem schlafenden Tier eine

Erhöhung von . . . . 46,5 $^0/_0$
gegenüber dem wachend liegenden Tier . . . . . . 24,0 $^0/_0$
im Mittel also . . . . 35,2 $^0/_0$

Wie Tabelle I Kolumne 6 zeigt, ist die Wärmeproduktion im Stehen pro 1 qm und 24 Stunden um 14 $^0/_0$ höher beim älteren Tier gegenüber dem jüngeren. Da dies nur durch mechanische Momente — entweder Einfluß des größeren Körpergewichtes oder unzweckmäßige Stellung und dadurch bedingte stärkere Beanspruchung der Gliedmaßen und Muskeln bedingt sein kann, so will ich, da diese steigernden Momente beim liegenden Tiere wegfallen, die in Dahms Protokollen angeführten Liegeversuche mit den meinigen vergleichen.

Tabelle Vb.

Dahms Liegeversuche.

Prot.-Nr.	O_2 pro Min. Tier	R.Q.	Körpergew.	Cal pro 1 qm u. 24 Std.	Fütterungszustand
9	959	0,80	228,0	—	14^h ungefüttert
12	1034	0,85	232,0	—	14^h „
13	1045	0,83	232,5	—	14^h „
14	1095	0,93	238,5	1612	bekam v. d. Resp.-Vers. Heu u. Schrot
15	1130	0,87	238,5	1688	„ „ „ „ „ im Anschluß an 14. „ „
17	1145	0,89	244,0	1693	bekam vorher Heu u. Schrot

Mit den letzten beiden Versuchen (15, 17) lassen sich meine Liegeversuche (19, 20, 32) direkt vergleichen: Das Tier befand sich im gleichen Futterzustand, es hatte auch ebensolange vorher Heu und Schrot erhalten, und die respiratorischen Quotienten sind gleich, woraus sich ergibt, daß auch dasselbe Nährstoffgemisch als Energiequelle diente. Aus meinen Versuchen berechnet sich die Wärmeproduktion auf 1685 Cal, also ein mit den früheren, $1^1/_2$ Jahr zurückliegenden Versuchen vollständig übereinstimmender Wert. Da das Liegen denjenigen Zustand darstellt, bei dem das geringste Maß von Muskeltätigkeit aufgewendet wird, sind diese Versuche am besten geeignet, den Erhaltungsbedarf des jugendlichen Tieres mit dem des erwachsenen und inzwischen kastrierten zu vergleichen. Die Identität des auf die Oberflächeneinheit bezogenen Energieumsatzes beweist, daß weder der jugendlichere Zustand der Organe, noch die Anwesenheit der Geschlechtsorgane auf den Ruheumsatz einen Einfluß ausgeübt hat.

Tabelle VI.
Wiederkauen im Liegen.

Versuchs-Nr.	CO_2 ccm	O_2 ccm	R.Q.	cal	Stunden nach der Mahlzeit
13	3,7	4,1	0,893	20,6	3
21	3,6	4,2	0,850	20,8	4
26	3,5	4,1	0,850	20,3	5
28	3,2	3,6	0,887	17,9	$2\,^1/_2$
29	3,6	4,2	0,856	20,8	$3\,^1/_4$
30	3,5	4,1	0,869	20,1	$3\,^1/_2$
31	4,2	4,3	0,972	21,5	$3\,^1/_2$
Mittel	3,61	4,09	0,882	20,29	

Diese Wiederkauversuche im Liegen, verglichen mit denen ohne Wiederkauen (Tabelle V, Mittel, unter Außerachtlassung der zwei niedrigsten Werte in den Schlafversuchen 17 und 18 = 17,90) geben eine prozentuale Steigerung von 13,4 $^0/_0$. Bei den Heumelasseversuchen (siehe Tabelle XI und XII) wurde durch den gleichen physiologischen Zustand eine solche von 15,5 $^0/_0$ hervorgerufen. Auffallend war, daß das Tier bei letzterer Fütterung viel weniger wiederkaute als bei der Heu-Schrotfütterung. So habe ich manchen Abend nach dem Futter stundenlang vergeblich gewartet, ohne daß das Tier wiederkaute.

Tabelle VII.
Versuche am stehenden Tier, deren R.Q. 1,0 beträgt. Nach intensivem Wiederkauen oder während desselben.

Vers.-Nr.	CO_2	O_2	R.Q.	cal	
12	3,3	3,3	1,020	16,6	Stehend $1^1/_2{}^h$ p. c. unmittelbar nach
22	3,0	3,1	0,977	15,6	intensivem Wiederkauen
24	3,5	3,4	1,011	17,4	Stehend, intensiv wiederkauend. $2^1/_4$
27	3,5	3,5	1,003	17,6	bis 3^h p. c.

In dieser Tabelle habe ich einige aus der Heuschrotperiode noch übrig bleibende Versuche zusammengestellt. Sie zeichnen sich dadurch aus, daß der R.Q. die Einheit erreicht oder übersteigt, und zeigen weiterhin die Merkwürdigkeit, daß dieser hohe R.Q. dadurch zustande kommt, daß die Kohlensäureausscheidung der bei den sog. Nüchternwerten beobachteten entspricht, während der O_2-Verbrauch noch unter diesen Wert fällt. Ein weiteres gemeinschaftliches Merkmal zeigen die Versuche: sie fallen alle entweder nach Schluß oder gegen das Ende einer sehr intensiven Wiederkauperiode. Das Tier hatte lange Zeit schon wiedergekaut, hatte Schaum vor dem Maul und stand wie benommen, mit geschlossenen Augen vollständig ruhig da, in einem beinahe schlaftrunkenen Zustand. Da die Versuche (vgl. Generaltabelle) unmittelbar solchen vorangehen oder folgen, wie sie als normal beim Rinde gelten dürfen, da ein Analysenfehler bei der vierfachen Wiederholung ausgeschlossen erscheint, und da alle Versuche bestimmte gleiche Merkmale zeigen, so glaubte ich, sie nicht unerwähnt lassen zu dürfen. Der hohe Quotient macht es wahrscheinlich, daß durch das vorangegangene intensive Wiederkauen unvergorene Kohlenhydrate (eventuell auch Milchsäure) in erheblicherer Menge durch den Labmagen in den Dünndarm übergeführt und hier resorbiert worden sind. Ferner wird man daran denken dürfen (was aus dem niedrigen Sauerstoffverbrauch geschlossen werden kann), daß der gesamte Verdauungsapparat nach der vorangegangenen starken Wiederkauperiode in einen ungewöhnlichen Ruhezustand, ähnlich wie das Gesamttier, verfallen ist.

B. Heumelassefütterung.

In den Dahmschen Versuchen bestand Periode 2, die Vergleichsperiode, aus einem zellulosearmen Futter, nämlich viel Schrot und wenig Heu. Er fand nun beim Vergleich der Nüchternwerte der beiden Perioden in der cellulosearmen einen um $21,3\,^0/_0$ geringeren Energieverbrauch, den er auf die Armut des Futters an Rohfaser bezieht und durch Verringerung der mechanischen Verdauungsarbeit erklärt. Dieser Schluß wird erschüttert durch die hier folgende Reihe, in der die Heumenge unverändert blieb und das Schrot durch Melasse ersetzt wurde.

Ich behielt, wie gesagt, in meiner Vergleichsreihe die Menge des zellulosereichen Futters bei, die ich nur in den letzten Versuchstagen um $^1/_8$ verringern mußte, weil das Tier die ganze Menge nicht mehr aufnahm, und änderte nur das Beifutter, indem ich statt Schrot Melasse verfütterte. Es wäre nun, unter der Annahme, daß das Mehr der Wärmeproduktion in dem rohfaserreichen Dahmschen Versuch ganz auf Rechnung der Cellulose zu setzen sei, zu erwarten, daß die Wärmebildung in meiner zweiten Versuchsreihe (Heumelasse) nur wenig unter die in der ersten Versuchsreihe (Heuschrot) ermittelte fallen darf, entsprechend der geringen Menge Rohfaser im Schrot. Das ist nun nicht der Fall, vielmehr erzielte ich schon durch Zufügung von **Melasse** zum bisherigen **Futter**, mehr noch durch den Austausch von Schrot gegen Melasse, wie ich vorweg bemerken möchte, eine Erniedrigung des Stoffumsatzes, die im letzteren Falle zufällig ebenso groß ist, wie die in der Dahmschen cellulosearmen schrotreichen Reihe (siehe Kurve I).

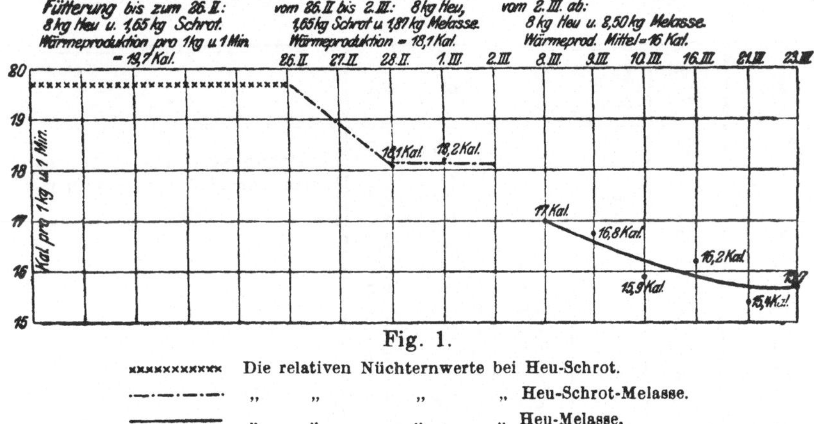

Fig. 1.

Bevor ich die Werte der relativen Nüchternversuche der Heumelassefütterung bespreche und vergleiche, möchte ich die Fütterungstabelle der Übergangsperiode vorausschicken.

Tabelle VIII.

Datum	Gewicht kg	Futter Heu kg	Beifutter
26. II.	530,2	8	1,65 kg Schrot
27.	530,0	8	1,65 kg „ / 1,87 kg Melasse
28.	525,0	8	1,65 kg Schrot / 1,87 kg Melasse
1. III.	525,0	8	1,65 kg Schrot / 1,87 kg Melasse
2.	530,0	8	1,65 kg Schrot / 1,87 kg Melasse
3.	523,5	8	1,87 kg „
4.	526,0	8	2,50 kg „
Bis 11. III. das gleiche Futter			
11. III. bis	522,0	7	2,50 kg Melasse
20. III.	530,0	7	2,50 kg „

Es wurde also zum Schrot Melasse zugelegt, dann das Schrot fortgelassen und die Menge der Melasse auf 2,5 kg erhöht. Der Caloriengehalt beider Mengen (1,65 kg Schrot und 2,50 kg Melasse) war beinahe gleich.

Tabelle IX.

Relative Nüchternwerte der Heu-Melassefütterung pro Kilogramm und Minute.

Dat.	Vers. Nr.	CO_2 ccm	O_2 ccm	R.Q.	cal	
28. II.	34	2,9	3,6	0,825	17,5	Übergangszeit von d. Schrot-
28.	35	3,1	3,8	0,806	18,6	fütterung zur Melässefütte-
1. III.	38	2,9	3,7	0,780	18,2	rung
1.	42	3,0	3,7	0,800	18,0	
8.	43	2,9	3,5	0,820	17,0	
8.	44	2,8	3,3	0,850	16,2	
9.	47	2,8	3,4	0,805	16,8	
9.	48	2,7	3,4	0,814	16,5	
10.	46	2,7	3,3	0,833	15,9	
16.	53	2,8	3,3	0,836	16,3	
16.	54	2,8	3,3	0,849	16,2	Heumenge um $^1/_8$ verringert
21.	55	2,7	3,1	0,866	15,4	
23.	57	2,6	3,2	0.790	15,7	
Mittel	34—42	2,9	3,7	0,802	18,07	
„	43—46	2,78	3,38	0,824	16,4	
„	53—57	2,7	3,21	0,835	15,9	

Die ersten 4 Nüchternversuche fallen in die Zeit, wo der unveränderten Schrotgabe Melasse zugelegt wurde. Die Wärmeproduktion (18,1 Cal) ist niedriger als in den Heu-Schrotversuchen, aber noch höher als in der reinen Heu-Melasseperiode (Kurve I).

Während wir sonst gewohnt sind, nach jeder Erhöhung der Tagesration eine Steigerung des Sauerstoffverbrauchs zu finden, zeigt sich hier, daß die Zugabe der Melasse den Verbrauch im Zustande relativer Nüchternheit herabgesetzt hat. Eine vollkommen zutreffende Erklärung dieses merkwürdigen Phänomens wird erst zu geben sein, wenn vollständige Kurven über das Verhalten des Gaswechsels in allen Stunden nach der gemischten Schrot-Melassefütterung, verglichen mit Schrotfutter allein, vorliegen. Vorläufig wird man an folgendes denken müssen. Es beschleunigt die Beigabe von Melasse die Überführung des Panseninhalts in den Labmagen und weiter in den Dünndarm, so daß die Verdauung und Resorption bei

Zugabe von Melasse nach 14 Stunden schon weiter gediehen ist als ohne dieselbe. Wenn diese Erklärung richtig ist, müßte in den ersten 6 bis 10 Stunden nach der Fütterung der Sauerstoffverbrauch und auch der respiratorische Quotient bei Zugabe von Melasse höher sein als ohne dieselbe, was ich demnächst untersuchen werde.

Vorläufig liegen nur einige Versuche aus der 3. Stunde nach dem Fressen vor, die ich in Tabelle XI zusammengefaßt habe. Verglichen mit den entsprechenden Versuchen bei Heu-Schrotfütterung (Tabelle V, S. 19) zeigen sie gleichen Energieverbrauch und sogar etwas niedrigeren respiratorischen Quotienten.

Wir wissen aus den Versuchen von Markoff (l. c.), daß Zugabe von zuckerreichem Material, wie es die Melasse ist, die Intensität der Gärung für einige Stunden auf das Mehrfache erhöht, daß aber diese gesteigerte Gärung nicht länger als 4 bis 8 Stunden anhält. An die gesteigerte Gärung dürfte sich wohl eine entsprechend schnellere Überführung des Materials in den vierten Magen anschließen. Wenn diese Erklärung richtig ist, werden wir um so mehr erwarten müssen, daß bei vollständigem Ersatz des Schrotes durch Melasse die schnellere Vergärung derselben und die schnellere Überführung des Materials aus dem Pansen sich geltend macht, und wir werden uns daher nicht wundern, wenn die äquivalente Menge Melasse einen um etwa $20\,^0/_0$ niedrigeren Energieumsatz um die 14. Stunde nach der Fütterung herbeiführt.

Einigermaßen mag an dem höheren Energieumsatz in der Heu-Schrotperiode auch der relativ große Eiweißgehalt des Schrotes beteiligt sein, in dem Sinne, daß die spezifisch dynamische Wirkung des Eiweißes [Rubner[1])] auch in der 14. Stunde nach der Aufnahme zugleich mit viel Rauhfutter sich noch in nennenswertem Maße geltend macht. Sicher ist diese Wirkung erheblich beteiligt bei den hohen Werten des Energieumsatzes, die ich ebenso wie Dahm bei Schrotfütterung (in Verbindung mit wenig Rauhfutter) in den ersten 8 Stunden gefunden habe.

Aus meinen Versuchen möchte ich so viel folgern, daß beim Wiederkäuer die rein mechanischen Anforderungen an den Ver-

---

[1]) M. Rubner, Vertretungswerte der organischen Nahrungsstoffe. Zeitschr. f. Biol. 19, 330. — Derselbe, Die Gesetze des Energieverbrauchs bei der Ernährung. Leipzig und Wien 1902.

dauungsapparat, wie sie durch den Cellulosegehalt des Futters bedingt sind, nicht ausreichen, um alle Veränderungen des Stoffumsatzes bei verschiedener Fütterung zu erklären. Neben den schon angedeuteten Möglichkeiten kommt auch diejenige in Betracht, die sich aus den unter Leitung von Zuntz ausgeführten Versuchen von Schirokich über die Wirkung der Pentosen ergibt. Schirokich[1] fand unter den so viel einfacheren Verhältnissen, wie sie beim Hunde bestehen, daß Pentosen, trotzdem sie eine gewisse Verdauungsarbeit bedingen, den Gesamt-Stoffumsatz herabsetzen. Gerade bei der Melasse wird man daran denken können, daß die Mannigfaltigkeit der in ihr enthaltenen N-haltigen und N-freien Stoffe [wozu noch bei der Fabrikation der Melasse gebildete eigentümliche Reizstoffe kommen (Pott[2])] besondere Wirkungen, sei es auf den Stoffwechsel, sei es auf die Gärungen in den Vormägen, entfaltet. Daß solche Wirkungen bei der Melasse bestehen, wird auch durch die Untersuchungen von Kellner[3] sehr wahrscheinlich gemacht. Derselbe fand bekanntlich, daß dieselbe Menge Zucker in der Melasse merklich niedrigere Gärverluste bedingte als bei Verabreichung entsprechender Mengen reinen Rohrzuckers. Und ferner fand er, daß die Kohlenhydrate der Melasse in noch stärkerem Maße, als dies aus den Unterschieden in der Methanbildung ableitbar war, sich dem reinen Rohrzucker für die Fettbildung überlegen zeigten, das heißt also, in Übereinstimmung mit meinen Befunden, daß bei Melassefütterung die Energieverluste des Körpers besonders gering sind.

Wieweit solche Wirkungen in Betracht kommen, müssen weitere Versuche zeigen; denn da es sich bei Kellner um verschiedene Versuchstiere handelt, können auch individuelle Unterschiede, namentlich verschieden starke Muskeltätigkeit und Unterschiede in den Gärverlusten, in Betracht kommen.

Als Anhang folgen die Tabellen der Heu-Melassefütterung, auf die früher schon zum Vergleich mit denen der Heu-Schrot-

---

[1] P. Schirokich, Beitrag zur Bedeutung der Pentosen als Energiequelle im tierischen Organismus. Biochem. Zeitschr. **55**, 370, 1913.

[2] Emil Pott, Handb. der tier. Ernährung u. der landw. Futtermittel. 2. Aufl. 1904.

[3] O. Kellner, Landw. Versuchsstationen **55**, 379, 1901.

fütterung bei gleichen physiologischen Vorgängen Bezug genommen worden ist.

Tabelle X.
Stehen während der Verdauung.

Vers. Nr.	CO$_2$	O$_2$	R.Q.	cal		
52	3,5	4,1	0,882	20,2	4^h p. c.	Tagesfutter 8 kg Heu, 2,5 kg Melasse.

Tabelle XI.
Liegeversuche ohne Wiederkauen.

Vers. Nr.	CO$_2$	O$_2$	R.Q.	cal	Stunden nach der Mahlzeit	
36	2,8	3,3	0,847	16,4	3	Tagesfutter 8 kg Heu, 1,65 kg Schrot, 1,87 g Melasse.
39	2,8	3,5	0,816	17,0	3	
49	2,7	3,5	0,788	16,9	3	Tagesfutter 8 kg Heu, 2,50 kg Melasse.
50	2,7	3,4	0,797	16,6	3	
51	2,7	3,4	0,798	16,7	3	
56	2,8	3,3	0,840	16,2	3	Tagesfutter 7 kg Heu, 2,50 kg Melasse.
Mittel	2,75	3,40	0,814	16,7		

Tabelle XII.
Liegeversuche mit Wiederkauen.

Vers. Nr.	CO$_2$	O$_2$	R.Q.	cal	
37	3,0	3,7	0,79	18,4	Tagesfutter 8 kg Heu, 1,65 kg Schrot, 1,87 kg Melasse.
40	3,2	3,9	0,83	18,9	
41	3,5	4,2	0,83	20,5	3 bis 4 Stunden nach der Mahlzeit
Mittel	3,23	3,93	0,817	19,3	

Besprechung der vorstehenden Versuchsergebnisse.

a) Verdauungsarbeit.

Während beim Pferd sicher nachgewiesen ist, daß durch den Mehrgehalt des Futters an Rohfaser eine sehr erhebliche Steigerung des Energieumsatzes bewirkt wird, die naturgemäß als Folge der vergrößerten mechanischen Verdauungsarbeit aufgefaßt wird (Hagemann, Zuntz-Hagemann), ergibt sich aus meinen und auch aus Dahms Versuchen, daß eine solche Wirkung des Rauhfutters beim Wiederkäuer nur in sehr geringem Maße besteht. Soweit sie vorhanden ist, kann sie durch Modifikationen der Pansengärung ganz und gar verdeckt werden.

Wir dürfen wohl annehmen, daß beim Wiederkäuer die mechanischen und chemischen Arbeiten, die sich vom Labmagen ab vollziehen, annähernd von eben der Größe sind wie bei den einmägigen Tieren, speziell auch beim Hund und Menschen, bei denen ja die Beziehungen zwischen zugeführten Nährstoffmengen und Steigerung des Stoffwechsels am genauesten studiert sind. Wir dürfen also wohl damit rechnen, daß dieser Teil der Verdauungsarbeit einschließlich der nach der Resorption in Betracht kommenden spezifisch-dynamischen Wirkungen pro 1 g Eiweiß ca. $16\,^0/_0$, pro 1 g Kohlenhydrat ca. 9 bis $10\,^0/_0$ und pro 1 g Fett ca. $2^1/_2\,^0/_0$ der Energie dieser Nährstoffe beansprucht. Hierzu kommt dann beim Wiederkäuer noch die mechanische Arbeit des Kauens und Wiederkauens, für die unsere Messungen ergeben haben, daß sie, bezogen auf 1 kg Heu, nur ca. 94,2 bis 111,7 Cal gegenüber 167 Cal für die Kauarbeit des Pferdes beträgt; ferner ein noch nicht in Zahlen ausdrückbares, aber wohl nicht geringes Quantum mechanischer Arbeit der Muskulatur der Vormägen, deren physiologisch bedingte, unwillkürliche Contraction ca. 2 bis 3 mal in 2 Minuten wahrgenommen wird. Die mechanische Arbeit des Dünndarmes kann, weil ein großer Teil der Cellulose bereits gelöst, der übrige Teil aufs feinste zerkleinert ist, auch nicht annähernd so groß wie beim Pferd sein. Es scheint also, daß die vom Rohfasergehalt abhängende mechanische Verdauungsarbeit des Pferdes beim Wiederkäuer durch den Akt des Wiederkauens und die weitgehende Vergärung der Cellulose in den Vormägen zum großen Teil ersetzt wird.

b) Wirkung der Kastration.

Wie S. 20 schon erwähnt, hat die Kastration die Größe des Stoffwechsels nicht verändert.

Über den Einfluß des inneren Sekretes der Generationsorgane auf die Oxydationsenergie der Zellen liegen mehrere Untersuchungen vor, die zum größten Teil mit der Zuntzschen Methode durchgeführt wurden. In den Versuchen von Löwy und Richter[1]) wurde der Erhaltungsumsatz von Hunden vor

---

[1]) A. Löwy und Richter, Zur Frage nach dem Einfluß der Kastration auf den Stoffwechsel, Centralbl. f. Physiol. 1902. — Dieselben, Sexualfunktion und Stoffwechsel, Engelmanns Arch. f. Physiol. 1899, Suppl. 519.

und nach der Kastration gemessen. Der Umsatz sank nach Entfernung der Geschlechtsorgane um 14 bis 20 % ab. L. Zuntz[1]) untersuchte Frauen vor und nach der Ovariotomie und fand nur in einem von vier Fällen Herabsetzung der Oxydation. Die Versuche Lüthjes[2]) zeigten keine Beeinflussung des Energieumsatzes. Das negative Resultat in meinem Falle entscheidet die Frage für Rinder nicht endgültig, weil das Tier zur Zeit der Dahmschen Versuche noch nicht vollkommen geschlechtsreif war.

Das positive Resultat von Pächtner ist nicht einwandfrei, weil die Fütterung vor und nach der Kastration wesentlich verschieden war.

c) Einfluß des Stallbodens und der Klauenpflege auf den Stoffwechsel.

Eine kurze Zusammenstellung der Wärmebildung des liegenden und des stehenden Tieres bei der Körperoberfläche äquivalentem Futter in Dahms und meinen Versuchen soll hier nochmals folgen.

Liegend:

Bei Dahm: pro 1 qm und 24 Stunden

3 Stunden nach der Mahlzeit . . . . 1688 Cal
      (Mittel aus 2 Versuchen)
bei mir pro 1 qm und 24 Stunden . . 1685 Cal   Meehscher Faktor 10
      (Mittel aus 3 Versuchen)

Stehend:

Bei Dahm:

3 Stunden nach der Mahlzeit . . . . 1796 Cal
      (Mittel aus 3 Versuchen)
bei mir . . . . 2192 Cal   Meehscher Faktor 10
      (Mittel aus 4 Versuchen)

Die Nüchternwerte auf 1 qm und 24 Stunden umgerechnet: beim stehenden Tier bei Dahm 1920 Cal [Meehscher Faktor 10] bei mir . . . . 2181 Cal [Meehscher Faktor 10] (vgl. Tab. I), also bei mir 19 % mehr.

---

[1]) Leo Zuntz, Über den Einfluß der Kastration auf den resp. Gaswechsel, Deutsche Zeitschr. f. Geburtshilfe u. Gynäkol. **53**, 1904.

[2]) H. Lüthje, Über die Kastration und ihre Folgen. Arch. f. experim. Pathol. u. Pharmakol. **48, 50**, 1908.

Generaltabelle A.

Vergleichende Versuche mit einem dem Dahmschen äquivalenten
8 kg Heu und

Lfd. Nummer	Datum	Tageszeit	Versuch			Atmung Volum			Atemluftanalysen			
			Zustand	Zeit nach der Mahlzeit	Dauer	abgelesen	red.	Frequenz	CO_2	O_2	N_2	O_2 Def.
	1911											
1	14. II.	1^{16}–1^{20}, 1^{31}–1^{40}	stehend	} direkt n. Mittagfutter	13′	56,9	53,24	16	4,17	16,25	79,58	4,77
2	14.	1^{22}–1^{29}, 2^{9}–2^{13}	st., wkd.		11′	61,5	57,46	20	4,40	16,05	79,55	4,95
3	14.	1^{41}–1^{54}	st.		13′	57,3	53,49	17	4,20	16,24	79,56	4,77
4	15.	8^{40}–8^{56}	st., ncht.	a. c.	16′	44,6	41,63	17	4,04	15,94	80,02	5,18
5	15.	{ 10^{20}–10^{35} / 10^{48}–10^{54}	st., verd.	30′	7′/6′=13′	46,4 / 58,3	48,16	18	4,34	16,20	79,46	4,788
6	15.	10^{36}–10^{47}	st., wkd.	45′	13′	58,3	54,02	22	4,25	15,90	79,85	5,18
7	16.	8^{43}–9^{00}	st., ncht.	a. c.	17′	48,2	44,92	16	4,03	16,29	79,68	4,745
8	16.	9^{26}–9^{38}	st., fress.	inter. c.	13′	61,6	57,4	20	4,26	15,84	79,90	5,255
9	16.	10^{07}–10^{20}	st.	20′	13′	56,9	52,56	20	4,10	16,71	79,19	4,196
10	16.	10^{31}–10^{39}	st.	43′	8′	58,7	55,46	20	3,78	16,66	79,56	4,33
11	16.	10^{51}–10^{58}	st., wkd.	1^h	7′	65,8	60,75	22	3,87	16,49	79,64	4,535
12	16.	11^{07}–11^{14}	st.	$1\frac{1}{2}^h$	7′	[48,2	45,52]	20	3,98	16,99	79,03	3,87
13	17.	10^{09}–10^{22}	lg., wkd.	3^h	13′	55,8	49,59	31	4,04	16,50	79,46	4,50
14	21.	8^{35}–8^{49}	st., ncht.	a. c.	14′	48,9	44,43	20	3,92	16,27	79,81	4,80
15	21.	8^{51}–9^{06}	st., ncht.	a. c.	15′	49,0	44,52	20	3,82	16,42	79,76	4,63
16	21.	9^{35}–9^{50}	st., fress.	inter. c.	15′	55,8	51,68	26	4,63	15,55	79,82	5,523
17	21.	10^{10}–10^{25}	lg., schläft	1^h	15′	30,8	28,74	12	4,48	15,46	80,08	5,676
18	21.	10^{56}–11^{19}	lg., vorh. wiedergek., schläft	$1\frac{1}{2}^h$	23′	31,9	29,72	12	4,75	15,50	79,75	5,555
19	22.	4^{02}–4^{20} 1/2	lg.	3^h	$18\frac{1}{2}′$	41,7	38,11	normal	4,58	15,82	79,60	5,193
20	22.	4^{33}–4^{50}	lg.	3^h	17′	40,9	37,33	„	4,47	15,90	79,63	5,123
21	22.	4^{51}–4^{58}	lg., wkd.	4^h	7′	46,8	42,7	„	4,48	15,80	79,72	5,247
22	23.	4^{10}–4^{20}	st.	3^h	10′	53,8	49,33	„	3,30	17,55	79,15	3,346
23	23.	4^{22}–4^{27}	st., wkd.	3^h	5′	61,5	56,15	„	3,87	16,97	79,16	3,929
24	23.	4^{38}–4^{50}	st., wkd.	$3\frac{1}{2}^h$	14′	57,8	52,76	40	3,53	17,41	79,06	3,462
25	23.	5^{10}–5^{26}	lg.	4^h	16′	48,3	44,1	14	4,40	16,11	79,49	4,875
26	23.	6^{01}–6^{13}	lg., wkd.	5^h	12′	47,8	43,44	16	4,33	15,98	79,69	5,06
27	24.	9^{02}–9^{17}	st., wkd.	$2\frac{1}{4}^h$	15′	50,7	45,79	19	4,07	16,86	79,07	4,015
28	24.	9^{26}–9^{33}	lg., wkd.	$2\frac{1}{2}^h$	7′	41,1	37,05	20	4,58	15,87	79,55	5,13
29	24.	10^{03}–10^{10}	lg., wkd.	$3\frac{1}{4}^h$	7′	48,7	43,89	22	4,37	15,98	79,67	5,073
30	24.	10^{11}–10^{20}	lg., wkd.	$3\frac{1}{2}^h$	9′	49,2	44,34	24	4,24	16,17	79,59	4,842
31	24.	10^{22}–10^{35}	lg., wkd.	$3\frac{1}{2}^h$	13′	55,9	50,33	28	4,38	16,43	79,19	4,476
32	27.	9^{30}–9^{50}	lg.	$3\frac{1}{2}^h$	20′	39,4	35,98	14	4,58	15,80	79,62	5,22
33	27.	10^{36}–10^{45}	lg., wkd.	$4\frac{1}{2}^h$	9′	42,0	38,35	14	4,47	—	—	—

Aus der Zusammenstellung S. 29 geht hervor, daß das stehende
ältere Tier einen um ca. 18 % gesteigerten Verbrauch hat. Die
Gründe hierfür sind folgende. Mit der mächtigen Entwicklung des
Körpers hielt die Entwicklung der Extremitäten nicht gleichen
Schritt, so daß unser Tier, zumal wenn es auf hartem Boden stand,
leicht Ermüdungserscheinungen zeigte, was auch in dem bereits er-

Kanülenversuche.

Futter bei Liegen, Stehen und Wiederkauen.
1,65 kg Schrot.

CO_2-Ausscheidung			O_2-Verbrauch			R.Q.	Calorien			Tiergewicht	Bemerkungen
pro Tier und Min.	pro Min. und kg	pro Min. und qm	pro Tier und Min.	pro Min. und kg	pro Min. und qm		pro Tier und Min.	pro Min. und kg	pro Min. und qm		
2204	4,13	335	2540	4,80	386	0,868	12,545	0,0235	1,906	534	
2508	4,69	381	2844	5,30	432	0,882	14,073	0,0264	2,138	534	
2209	4,13	336	2551	4,8	388	0,872	12,599	0,0236	1,914	534	
1670	3,1	254	2156	4,1	328	0,774	10,451	0,0196	1,592	532	
2075,5	3,9	314	2306	4,3	349	0,931	11,516	0,0214	1,741	538	
2279,5	4,2	345	2789	5,2	422	0,814	13,621	0,0253	2,059	538	
1797,4	3,4	274	2131	4,0	325	0,843	10,468	0,0197	1,594	532	
2428	4,5	367	3016	5,6	456	0,805	14,730	0,0274	2,227	538	
2139	4,0	323	2205	4,1	333	0,970	11,092	0,0206	1,677	538	
2075	3,9	314	2401	4,5	363	0,864	11,837	0,0220	1,789	538	
2339	4,3	354	2755	5,1	416	0,85	13,557	0,0252	2,049	538	
[1798	3,3	272	1761	3,3	266]	1,02	[8,940	0,0166	1,351]	538	Vielleicht Tamponkanüle undicht.
1993,8	3,7	301	2231	4,1	337	0,893	11,062	0,0206	1,672	538	
1728	3,3	267	2134	4,1	330	0,81	10,422	0,0200	1,610	521	
1688	3,2	261	2061	4,0	318	0,82	10,085	0,0194	1,558	521	
2372	4,5	363	2877	5,4	440	0,824	14,078	0,0266	2,152	529	
1279	2,4	196	1631	3,1	249	0,784	7,921	0,0150	1,211	529	
1402	2,7	214	1650	3,1	252	0,850	8,119	0,0153	1,241	529	
1726	3,3	264	1979	3,7	302	0,872	9,774	0,0184	1,492	530	Hat vorher wiedergekaut.
1657	3,1	253	1912	3,6	292	0,866	9,443	0,0178	1,442	530	
1899	3,6	290	2239	4,2	342	0,85	11,020	0,0208	1,683	530	
1613,3	3,0	245	1651	3,1	251	0,977	8,321	0,0156	1,266	533	
2165	4,1	329	2209	4,1	336	0,980	11,133	0,0209	1,693	533	
1846,5	3,5	281	1826	3,4	278	1,011	9,255	0,0174	1,408	533	
1926,5	3,6	293	2149	4,0	327	0,896	10,673	0,0200	1,624	533	Legte sich um 5h.
1868	3,5	284	2198	4,1	334	0,850	10,816	0,0203	1,645	533	
1846	3,5	283	1838	3,5	282	1,003	9,297	0,0176	1,425	527	
1685	3,2	258	1900	3,6	291	0,887	9,419	0,0179	1,444	527	
1905	3,6	292	2226	4,2	341	0,856	10,974	0,0208	1,682	527	
1867	3,5	286	2146	4,1	329	0,8695	10,599	0,0201	1,625	527	
2189	4,2	336	2253	4,3	345	0,972	11,334	0,0215	1,737	527	Atemvolumen fällt nach Wiederkauen auf ca. 35 l pro Min.
1637,2	3,1	250	1878	3,5	287	0,872	9,275	0,0175	1,416	530	
1703	3,23	—	—	—	—	—	—	—	—	—	

wähnten Trippeln mit den Vorderbeinen zum Ausdruck kommt. Durch diese akzessorische Muskeltätigkeit wird der Verbrauch des stehenden Tieres naturgemäß gesteigert. Beim Stehen auf weicher Streu (wie die Vergleichsversuche von Pächtner und Dahm angestellt waren) fällt dieser steigernde Effekt weg, und die Tiere stehen sehr lange Zeit, ohne eine Bewegung zu machen.

Generaltabelle B.
Bis Versuch 57 inkl. 8 kg

| Lfd. Nummer | Datum | Tageszeit | Versuch | | | Atmung Volum | | | Atemluftanalysen | | | |
			Zustand	Zeit nach der Mahlzeit	Dauer	abgelesen	red.	Frequenz	CO_2	O_2	N_2	O_2 Def.
	1911											
34	28. II.	morgens	st., ncht.	a. c.	17′	45,0	41,33	20	3,77	16,50	79,73	4,55
35	28.	„	st., ncht.	a. c.	9′	47,0	43,12	21	3,77	16,43	79,80	4,64
36	28.	ab. $9^{42}— 9^{57}$	lg.	3^h	16′	36,0	32,57	18	4,60	15,65	79,75	5,394
37	28.	„ $9^{59}—10^{07}$	lg., wkd.	$3^{1}/_{2}{}^h$	16′	39,4	35,62	25	4,45	15,53	80,02	5,595
38	1. III.	mrg. $7^{42}— 7^{57}$	st., ncht.	a. c.	15′	45,3	40,93	20	3,76	16,30	79,94	—
39	1.	ab. $9^{37}— 9^{42}$ „ u.$10^{12}—10^{26}$	lg.	3^h	21′	40,1	36,65	14	4,13	16,05	79,82	5,023
40	1.	„ $9^{45}— 9^{53}$	lg., wkd.	3^h	8′	43,5	39,74	normal	4,33	15,89	79,78	5,172
41	1.	„ $10^{37}—10^{47}$	lg., wkd.	4^h	10′	48,0	43,86	26	4,22	16,01	79,77	5,05
42	3.	mrg. $7^{30}— 7^{46}$	st., ncht.	a. c.	16′	46,1	42,43	18	3,68	16,50	79,82	4,57
43	8.	„ $7^{41}— 8^{00}$	st., ncht.	a. c.	19′	41,3	38,06	16	4,03	16,21	79,77	4,85
44	8.	„ $8^{04}— 8^{22}$	st., ncht.	a. c.	18′	42,8	39,37	15	3,82	16,58	79,60	4,435
45	10.	„ $7^{52}— 8^{10}$	st., wkd.	a. c.	18′	44,2	40,89	normal	4,13	16,23	79,64	4,795
46	10.	„ $8^{26}— 8^{36}$	st., ncht.	a. c.	10′	41,2	38,04	normal	3,81	16,50	79,67	4,54
47	9.	„ $7^{28}— 7^{47}$	st., ncht.	a. c.	19′	39,0	36,14	16–17	4,10	16,03	79,87	5,055
48	9.	„ $7^{50}— 8^{09}$	st., ncht.	a. c.	19′	39,6	36,66	16–17	4,01	16,18	79,81	4,89
49	10.	ab. $9^{34}— 9^{46}$	lg.	3^h	12′	35,3	32,3	15	4,45	15,52	80,03	5,61
50	11.	„ $9^{23}— 9^{33}$	lg.	3^h	10′	32,7	29,97	10–12	4,75	15,21	80,08	5,92
51	11.	„ $9^{43}— 9^{54}$	lg.	3^h	11′	33,2	30,39	10–12	4,73	15,24	80,03	5,89
52	11.	„ $10^{38}—10^{45}$	st.	4^h	7′	48,0	43,83	16–17	4,26	16,16	79,58	4,85
53	16	mrg. $7^{58}— 8^{17}$	st., ncht.	a. c.	19′	40,3	36,87	18	4,07	16,30	79,63	4,723
54	16.	„ $8^{18}— 8^{38}$	st., ncht.	a. c.	20′	38,9	35,55	18	4,15	16,18	79,67	4,853
55	21.	„ $8^{59}— 9^{15}$	st., ncht.	a. c.	16′	34,8	32,42	10	4,38	16,0	79,62	5,02
56	22.	ab. $9^{11}— 9^{26}$	lg.	3^h	14′	34,3	31,66	normal	4,65	15,59	79,76	5,47
57	23.	mrg. $8^{48}— 9^{03}$	st., ncht.	a. c.	15′	34,8	32,38	normal	4,20	15,84	79,96	5,25
	1912											
58	5. III.	mrg. $7^{53}— 8^{09}$	st., ncht.	a. c.	17′	68,1	61,62	18	3,42	17,14	79,44	3,832
59	5.	„ $11^{09}—11^{32}$	st., wkd.	1^h	13′	87,8	78,53	21	3,64	17,21	79,15	3,685
60	5.	„ $11^{40}—11^{54}$	st.	$1^{1}/_{2}{}^h$	14′	78,3	69,92	18	3,49	17,30	79,21	3,61
61	6.	mrg. $7^{35}— 8^{05}$	st., ncht.	a. c.	30′	59,9	54,35	15	3,65	16,83	79,52	4,165
62	6.	„ $11^{18}—11^{31}$	st.	1^h	20′	74,5	66,93	19–20	3,70	17,15	79,15	3,746
63	6.	„ $12^{05}—12^{20}$	st.	2^h	15′	69,9	62,59	19	3,72	16,84	79,44	4,134
64	7.	„ $7^{25}— 7^{43}$	st., ncht.	a. c.	18′	60,0	54,43	18	3,92	16,62	79,46	4,357
65	7.	„ $7^{54}— 8^{12}$	st., ncht.	a. c.	18′	60,8	54,98	18	3,80	16,60	79,60	4,40
66	7.	„ $10^{41}—10^{58}$	st.	1^h	17′	63,4	57,24	20	4,05	16,53	79,42	4,44
67	7.	„ $11^{42}—11^{56}$	st.	2^h	14′	72,7	65,86	20	3,72	16,98	79,30	3,955
68	7.	nmt.$12^{17}—12^{32}$	st.	3^h	15′	75,7	68,09	20	3,58	17,01	79,41	3,955
[69	7.	„ $3^{57}— 4^{18}$	st.	1^h	21′	65,6	59,27	20	4,13	16,46	79,41	4,505
70	7.	„ $4^{23}— 4^{40}$	st., 12′ wkd.	2^h	17′	70,5	63,53	17	4,09	16,33	79,58	4,68
71	7.	ab. $9^{25}— 9^{44}$	st.	1^h	19′	78,7	70,9	20	3,74	16,79	79,47	4,19
72	7.	„ $12^{40}—12^{54}$	st.	4^h	14′	71,0	64,31	19	3,68	16,85	79,47	4,13
73	7.	mrg. $4^{31}— 4^{47}$	st.	8^h	16′	64,8	58,98	18	3,70	16,82	79,48	4,163

Dieser gewaltige Unterschied des O_2-Verbrauches eines auf hartem Boden stehenden und eines auf Streu befindlichen Tieres

Kanülenversuche.

Heu und 2,50 kg Melasse.

CO$_2$-Ausscheidung			O$_2$-Verbrauch			R.Q.	Calorien			Tiergewicht	Bemerkungen
pro Tier und Min.	pro Min. und kg	pro Min. und qm	pro Tier und Min.	pro Min. und kg	pro Min. und qm		pro Tier und Min.	pro Min. und kg	pro Min. und qm		
1547	2,9	238	1882	3,6	289	0,82	9,209	0,0175	1,415	525	
1612	3,1	248	2000	3,8	307	0,806	9,768	0,0186	1,501	525	Frißt von 6^{10} bis 6^{40} 3 kg Heu, 1,136 kg Melasse $+$ 3 l Wasser.
1488,5	2,8	228	1757	3,3	269	0,847	8,646	0,0164	1,323	528	Futter. Vgl. Tab. VIII, S. 23.
1575,0	3,0	241	1993	3,7	305	0,79	9,697	0,0184	1,484	528	
1537	2,9	236	1965	3,7	302	0,78	9,543	0,0182	1,466	525	
1503	2,8	230	1841	3,5	281	0,816	9,008	0,0170	1,375	530	
1709	3,2	261	2055	3,9	314	0,83	10,077	0,0189	1,539	530	
1837	3,5	281	2215	4,2	338	0,83	10,859	0,0205	1,658	530	
1548	3,0	238	1940	3,7	299	0,80	9,457	0,0180	1,457	523	
1518	2,9	232	1846	3,5	282	0,82	9,033	0,0170	1,379	530	Wiederkauen bei dieser Fütterung viel seltener, 3 Abende von 8^{00} bis 12^{00} vergebens gewartet.
1488	2,8	227	1746	3,3	267	0,85	8,592	0,0162	1,312	530	
1676	3,2	256	1960	3,7	299	0,885	9,663	0,0182	1,474	531	
1438	2,7	219	1727	3,3	263	0,833	8,466	0,0159	1,291	531	
1471	2,8	224	1827	3,4	278	0,805	8,923	0,0168	1,359	532	
1459	2,7	222	1793	3,4	273	0,814	8,757	0,0165	1,334	532	
1428	2,7	220	1812	3,5	280	0,788	8,816	0,0169	1,360	522	
1414,5	2,7	218	1774	3,4	274	0,797	8,648	0,0166	1,334	522	
1428	2,7	220	1790	3,4	276	0,798	8,726	0,0167	1,346	522	
1850	3,5	285	2126	4,1	328	0,882	10,520	0,0202	1,623	522	
1456	2,8	224	1741	3,3	268	0,836	8,551	0,0163	1,316	524	
1463	2,8	225	1724	3,3	265	0,849	8,483	0,0162	1,305	524	
1410,5	2,7	217	1627	3,1	251	0,866	8,039	0,0154	1,238	523	
1456	2,8	224	1728	3,3	266	0,84	8,487	0,0162	1,308	523	
1347	2,6	206	1706	3,2	261	0,79	8,301	0,0157	1,271	528	
2087	3,3	284	2359	3,7	321	0,885	11,694	0,0186	1,591	630	Futter 7 kg Heu, 2 kg Schrot, 25 kg Rüben; 3 kg Heu und 10 kg Rüben vorher gefressen. Kaut wieder 11^{09} bis 11^{38}.
2835	4,4	381	2894	4,5	388	0,98	14,585	0,0227	1,958	643	
2418,6	3,8	325	2524	3,9	339	0,96	12,674	0,0197	1,701	643	
2006	3,2	274	2264	3,6	309	0,89	11,223	0,0179	1,530	628	
2456,4	3,8	330	2506	3,9	337	0,98	12,630	0,0197	1,699	641	Frißt bis 9^{45} 3 kg Heu, 9^{50} bis 10^{30} 10 kg Rüben. Kaut wieder von 10^{45} bis 11^{05}.
2310	3,6	311	2588	4,0	348	0,893	12,829	0,0200	1,726	641	
2117	3,4	288	2371	3,8	323	0,86	11,689	0,0186	1,591	630	
2073	3,3	282	2419	3,8	329	0,86	11,925	0,0189	1,623	630	Hört 9^{45} mit Fressen auf.
2301	3,7	313	2541	4,0	346	0,905	12,643	0,0201	1,720	630	
2419	3,8	329	2593	4,1	353	0,933	12,949	0,0206	1,762	630	Hat vor Versuch wiedergekaut.
2417	3,8	329	2693	4,3	366	0,898	13,375	0,0212	1,820	630	
2430	3,9	331	2670	4,2	363	0,91]	13,285	0,0211	1,808	630	Hört 2^{30} zu fressen auf; hat vor diesem Versuch wiedergekaut (3 kg Heu, 10 kg Rüben).
(2579)	4,1	351	(2974)	4,7	405	0,868	14,689	0,0233	1,999	630	
2630	4,2	358	2971	4,7	404	0,885	14,728	0,0234	2,004	630	Abendfutter 1 kg Heu, 5 kg Rüben, 2 kg Schrot.
2347	3,7	319	2656	4,2	361	0,884	13,142	0,0209	1,788	630	
2164	3,4	294	2455	3,9	334	0,881	12,148	0,0193	1,653	630	

läßt eine wichtige Schlußfolgerung für die Praxis zu. Man kann besonders in Abmelkwirtschaften und Mastställen beobachten, daß die Tiere eng zusammengepfercht auf hartem, eventuell nur mit etwas Sägemehl bestreutem Boden, stehen. Dazu kommt häufig noch, daß man besonders Masttieren absolut keine Klauenpflege angedeihen läßt, so daß sich die Klauen zu Schnabelschuhen auswachsen. Solche Tiere sind gezwungen, mit den Ballen aufzutreten, wodurch schmerzhafte Erkrankungen der Klauen und Ballen entstehen, so daß nicht nur das Gehen beinahe zur Unmöglichkeit wird, sondern auch das Stehen. Es ist ohne weiteres verständlich, daß bei solchen Tieren das Stehen einen gewaltigen Mehraufwand bedingt. Wenn nun dieser Mehraufwand durch die teuren, eiweißreichen Kraftfuttermittel bestritten werden muß, während er bei guter Streu vermieden wird und dadurch eine entsprechende Menge Nahrung dem Fettansatz zugute kommt, so dürfte es wohl rationeller sein, die wenigen Pfennige, die die Unterhaltung eines Streulagers kostet (zumal auch dieses Material als Dünger einen Wert besitzt), ebenso die geringen Kosten einer Klauenpflege aufzuwenden.

Aber auch bei den wissenschaftlichen Stoffwechselversuchen an Rindern ist diese Beobachtung in Rechnung zu stellen. Es war bis jetzt bei solchen Versuchen üblich, die Tiere auf einen glatten, reinen, aber harten Boden (gewöhnlich Zement oder Holzboden) zu stellen (Armsby benutzt einen mit einer Gummilage bekleideten Holzboden, wir einen mit dickem Linoleum beschlagenen Holzboden), um ja jeden Verlust von Harn und Kot zu vermeiden, während die Tiere vorher und nachher wieder auf Streu gestellt werden. Auch bei dieser Methodik wird ein etwas zu niedriger Fettansatz gefunden. Der Wert eines Futtermittels wird also zu niedrig befunden. Da der Fleischansatz mit dem Fettansatz einigermaßen proportional geht, wird wohl auch der Fleischansatz beeinträchtigt.

Angenommen, es würde der Sauerstoffverbrauch des stehenden Rindes durch bequemeres Stehen und Ausschaltung unkoordinierter Bewegungen um $15\,^0/_0$ sinken und es würde das Tier von 1440 Minuten 780 Minuten stehen (Werte, wie wir sie bei unsern Versuchen gefunden haben), so würden ca. 220 l O_2 weniger verbraucht werden und dadurch, soweit es sich um Verbrauch von Körperfett handelt, 115 g Fett geschont werden, oder bei der Mast eine entsprechende Menge Futter erspart werden.

Die Beobachtung, die hier zahlenmäßig zum Ausdruck kommt, findet sich in einem Volksspruch, dem auch viele verständige Züchter und Tierhalter huldigen: „Eine gute Streu ist das halbe Futter."

Die praktischen Mästungsversuche der letzten Jahre, besonders die von Schneidewind (Halle), haben wahrscheinlich gemacht, daß die Kellnerschen Mastrationen zu hoch bemessen sind. Das dürfte zum Teil darin seinen Grund haben, daß Kellners Tiere unter den Bedingungen des Stoffwechselversuchs einen abnorm hohen Stoffverbrauch hatten. Der überraschende Befund Kellners, daß gemästete Tiere einen annähernd der Gewichtszunahme entsprechenden Mehrverbrauch haben, trotzdem die angemästete Substanz wesentlich inertes Fett ist, findet wohl auch durch meine Versuche eine befriedigende Erklärung. Die fetten Tiere haben einen Mehrverbrauch im Stehen, weil die Muskulatur der Beine nicht dem schweren Rumpf angepaßt ist.

Ganz anders als das Rind verhält sich das Pferd. Aus den Zuntzschen Pferdeversuchen geht hervor, daß zwischen dem liegenden und stehenden Pferd absolut kein Unterschied besteht, ja sogar eine Last von 100 kg vermochte bei Pferden vom Reittiertypus den Sauerstoffverbrauch nicht zu steigern. Dieser Unterschied zwischen Rind und Pferd findet seine Erklärung darin, daß das Pferd mit einem Bandapparat ausgestattet ist, durch den ein Stehen ohne jede Muskeltätigkeit und dadurch bedingten Mehraufwand möglich ist.

Bei Heumelassefütterung (Tabelle X und XI, S. 27) beträgt die Wärmesteigerung beim auf der Tretbahn stehenden Tier gegenüber dem liegenden (das allerdings in diesem Falle nicht schlief) durchschnittlich $21,7\,^0/_0$. Es ist klar, daß die Werte schwanken müssen, denn sowohl beim stehenden Tiere, wie beim liegenden wechselt die Beanspruchung der Muskeln. So lag das Tier bei den Versuchen mit dem niedrigsten Verbrauch mit dem Kopf auf dem Boden und schlief, während es in den anderen Versuchen mit erhobenem Kopfe sich hin und wieder ausstreckend dalag.

III. Respirationsversuche nach Regnault-Reiset,
4. VI. bis 16. VI. 1910.

Die folgenden 4 Versuche wurden $^1/_2$ Jahr vor den in Abschnitt II besprochenen ebenfalls zur Klärung der Frage, wie die mechanische Beschaffenheit des Futters den Energieumsatz beeinflußt, angestellt. Seit Mitte April 1910 hatte der Bulle ca. 7,5 kg Heu, 2 kg Schrot, 1 kg Leinkuchen täglich gefressen und hatte dabei an Gewicht bedeutend zugenommen. Er wog am 18. IV. 435,5 kg, am 25. V. 477 kg. Vom 26. V. ab erhielt er keinen Leinkuchen mehr und nur noch 1 kg Schrot. Vom 30. V. ab wurde auch die Heumenge auf 6 kg und vom nächsten Tag auf 5 kg reduziert, so daß jetzt die Nahrungsaufnahme wieder genau der ersten Dahmschen Versuchsreihe entspricht, während das Körpergewicht inzwischen von 238 kg auf 472 kg gestiegen war. Das Körpergewicht, das am 26. V. 472 kg betrug, stellte sich am 2. VI. auf 474 kg, am 3. VI. auf 469 kg, am 4. VI. wurde der erste Respirationsversuch im Kasten, der sich auf 24 Stunden erstreckte, angestellt.

Morgens gegen $7^1/_2$ Uhr wurde das Tier in den mit Frischluft ventilierten Respirationskasten[1]) geführt, wo es alle seine Mahlzeiten erhielt. Mittags 2 Uhr wurde der Kasten geschlossen und die Luftzirkulation durch den Absorptionsturm in Gang gesetzt. Um 3 Uhr 30 Minuten waren die Temperaturverhältnisse konstant geworden, so daß dem Beginn des Versuches nichts mehr im Wege stand. Es wurden an den Thermometern folgende Daten abgelesen:

Erdgeschoß, trocken 20,2⁰
Erdgeschoß, feucht 13,3⁰
Keller, trocken . . . . $+$ 0,7⁰
Keller[2]), feucht . . . . $-$ 1⁰.

Barometer 755,8, die Wasserdampftension 7,9 mm, Gasdruck 747,9 mm. Luftvolum 86,93 cbm reduziert 79,83 cbm. Die Analyse der Kastenluft ergab 0,05 % CO_2, 20,36 % O_2, 79,56 % N_2, 0,029 % CH_4.

---

[1]) Eine eingehende Beschreibung des Apparates und seiner Handhabung findet sich in den Landwirtschaftlichen Jahrbüchern **1913**, 777 ff.

[2]) Die gewaltigen Temperaturunterschiede zwischen Erdgeschoß und Keller in diesem und in folgenden Versuchen sind darauf zurückzuführen, daß vor Beginn des Versuches die Kältemaschine in Gang gesetzt worden war. Diese niedrige Temperatur des nach dem Verlassen des Kälte- und Laugeturms wieder in den Kasten eintretenden Luftstromes hat $^1/_{26}$ der ganzen Luftmasse des Systems. Dementsprechend findet die Reduktion auf 0⁰ und 760 statt.

Nach 24 Stunden wurde der Versuch beendet, wobei nachstehende Temperaturen abgelesen wurden:

Erdgeschoß, trocken . . . . 20,2°
Erdgeschoß, feucht . . . . 12,8°
Keller, trocken . . . . — 1,4°
Keller, feucht . . . . — 1,5°.

Die Analyse des Endgases ergab 0,06°/₀ CO_2, 17,70°/₀ O_2, 82,01 °/₀ N, 0,23°/₀ CH_4. Gesamtinhalt des Kastens 86,90 cbm, reduziert 79,39 cbm.

An Stickstoff fanden sich nach der Schlußanalyse 1610 l mehr, die auf unbekanntem Wege in den Kasten eingedrungen waren, damit 420 l O_2. Verzehrt waren aus dem Sauerstoffvorrat des Kastens 2186 l, so daß der Gesamtverbrauch des Tieres 2606 l O_2 beträgt. Die Kohlensäure wurde von Herrn Dr. von der Heide wie in allen Regnault-Reiset-Versuchen durch Analyse der Lauge am Anfang und am Schluß bestimmt und ergab 2832,4 l R.Q. = 1,087.

Nach dem Versuch vom 5. VI. wurde sofort die Heuration beschränkt und dafür mehr Schrot gegeben. Seit 5 Tagen hat das Tier täglich 1,5 kg Heu und 2,5 kg Schrot gefressen. Dabei verhielt sich das Körpergewicht wie folgt:

am 5. Juni . . . . 456,0 kg
 " 6. " . . . . 455,0 "
 " 7. " . . . . 458,0 "
 " 8. " . . . . 453,5 "
 " 9. " . . . . 448,2 "

nach dem Versuch: 443,7 kg
 am 11. Juni . . . . . . 440,2 kg   als mittleres Ver-
 " 12. " . . . . . . 442,5 "   suchsgewicht.
 " 13. " . . . . . . 442,5 "
 " 14. " . . . . . . 442,7 "
 " 15. " . . . . . . 442,2 "
 " 16. " . . . . . . 441,5 "
 " 17. " . . . . . . 442,5 "
 " 18. " . . . . . . 440,7 "

Das Tier scheint also, nachdem der Heubauch geschwunden war, mit der neuen Nahrung annähernd seinen Bedarf bestritten zu haben.

Der Bulle wurde am 10. VI. gegen 8 Uhr morgens in den durch die große Gasuhr gut ventilierten Respirationskasten gebracht und erhielt dort um $8^1/_2$ Uhr seine Morgenmahlzeit von 0,75 kg Heu mit etwa 1,20 kg Schrot und 12,2 kg Tränkwasser.

Um 9^{28} Uhr wurde der Kasten geschlossen und zunächst die Ventilation mit stündlich 72 cbm Frischluft fortgesetzt. 9^{47} Uhr wurde mit Kühlung des Kälteturms begonnen, 9^{41} Uhr begann die Zirkulation der Luft durch diesen Turm und die Durchmischung der Kalilauge. 10^{14} Uhr wurde die Gasuhr stillgestellt und die Kommunikation mit der Außenluft gesperrt. Für die Abnahme des Druckes infolge der Kühlung der Luft wurde aus dem Kubizierapparat mehrmals ein gemessenes Luftquantum in den Apparat eingefüllt. Von 10^{15} Uhr bis 11^{22} Uhr im ganzen 668 l. 11^{27} Uhr wurden vor und hinter dem Kälteturm die Luftproben zur Analyse entnommen. 11^{30} Uhr Ventilator und Laugenpumpe stillgestellt und die Kalilauge zur Analyse entnommen. In diesem Augenblick war der Barometerstand auf 0^{0} reduziert 753,6 mm. Der Druck im Kasten war, am Wassermanometer gemessen, im Moment der Entnahme der Luftproben gleich dem Außendruck. Das Thermobarometer im Kasten stand auf 23,35, die Temperatur betrug:

am Kastenthermometer	$21{,}6^{0}$
in der austretenden Luft	$21{,}5^{0}$
ebenda, feuchtes Thermometer	$12{,}9^{0}$
jenseits des Kälteturms	$-\ 1{,}8^{0}$
ebenda, feuchtes Thermometer	$-\ 2{,}8^{0}$
jenseits des Ofens	$+\ 10{,}05^{0}$

Während des ganzen Versuches wurde die Kühlung im Turm und die Erwärmung der Luft im Ofen so reguliert, daß das Manometer nur um 2 mm nach oben und unten um den Nullpunkt schwankte. Abends 6^{44} Uhr erhält der Bulle den Rest seines Futters durch die Schleuse. Das Futter wird rasch aufgenommen, und bald nachher beginnt Wiederkauen. Am anderen Morgen 9^{25} Uhr erhält das Tier 0,75 kg Heu, 1,25 kg Schrot, 3 kg Wasser. Um 9^{40} Uhr ist das Futter im wesentlichen aufgefressen.

Während des Versuches wird noch wiederholt, wenn das Manometer Unterdruck im Kasten anzeigt, Luft in den Apparat eingelassen, und zwar:

um	1^{47}	Uhr	mittags	74 l
"	5^{52}	"	nachmittags	85 l
"	10^{45}	"	abends	60 l
"	12^{57}	"	nachts	116 l
"	3^{9}	"	nachts	85 l
"	7^{15}	"	morgens	19 l
"	8^{14}	"	morgens	81 l
"	10^{17}	"	morgens	10 l
"	10^{45}	"	vormittags	53 l
"	10^{00}	"	vormittags	20 l
			im ganzen	603 l

11^{20} Uhr wurden die Analysenproben aus der Ventilationsleitung vor und hinter dem Turm und ferner zur Kontrolle der Gleichmäßigkeit der Luftmischung im Apparat gleichzeitig 3 Proben von verschiedenen Stellen des Kastens genommen, und zwar:

von der Decke in der Mitte	mit $0{,}0595\%$ CO_2, $0{,}221\%$ CH_4
von der Decke vorn	mit $0{,}089\%$ CO_2, $0{,}201\%$ CH_4
vom Boden ganz hinten	mit $0{,}0778\%$ CO_4, $0{,}219\%$ CH_4

Dagegen gab die gleichzeitig aus dem
Ventilationsstrom vor dem Kälte-
turm entnommene Luft[1] . . . . . 0,0765% CO_2, 0,2118% CH_4
Die nach Passieren des Turmes ge-
nommene Luft . . . . 0,0395% CO_2, 0,2235% CH_4

Die Analysen der gestern genommenen Anfangsluft ergaben folgende
Zahlen:

Vor dem Absorptionsturm . . . . . 0,032% CO_2 u. 0,055% CH_4

0,030% CO_2

Mittel . . 0,031% CO_2 u. 0,055% CH_4

Hinter dem Absorptionsturm . . . . 0,0295% CO_2 u. 0,0545% CH_4

Die gesamte vom Tier gelieferte Methanmenge berechnet sich wie
folgt: Am Schlusse des Versuchs, 11. VI. 11^{20} Uhr, betrug der Prozent-
gehalt an Methan,

berechnet aus der daraus gebildeten CO_2 . . . 0,2153%

der Anfangswert am 10. VI. 11^{17} Uhr betrug . 0,0548%

also 0,1605%

vom Tier in 1433 Minuten geliefert.

Nach dieser ausführlichen Darlegung der Verteilung der Kohlensäure und des Methans folgen nun die übrigen analytischen Daten. Das
Barometer stand zu Beginn auf 753,6 mm, die Wasserdampftension betrug 5,7, der Gasdruck 747,9 mm. Hieraus und aus der Durchschnitts-
temperatur von 20,81° C reduziert sich die Luftmasse von 86,98 cbm auf
79,52 cbm. Die Analysen des Anfangsgases: 0,032% CO_2, 20,58% O_2,
79,333% N, 0,055% CH_4. Das Barometer stand am Ende auf 751,5 mm,
Wasserdampftension 7,06 mm, Gasdruck 744,4 mm; reduzierte Luftmasse
79,20 cbm. Die Analysen des Endgases ergaben 0,01% CO_2, 18,15% O_2,
81,625% N, 0,2153% CH_4.

Daraus berechnet sich ein Verbrauch von 2406 l O_2. Diese
Menge setzt sich folgendermaßen zusammen:

1. aus der Verringerung des Kastensauerstoffes . . 1977 l

2. mit hineingepreßter Außenluft . . . . 122 l

3. mit Außenluft eingedrungen . . . . 294 l

4. für 7 Minuten, die an 24 Stunden fehlen . . . 12 l

Ferner wurden gebildet:

2371,7 l Kohlensäure

127,0 l Methan.

Respiratorischer Quotient 0,98.

---

[1] Die hier gefundene, allerdings sehr geringe Ungleichmäßigkeit in
der Zusammensetzung der Luft verschiedener Stellen des Respirations-
kastens gab Anlaß zur Aufstellung zweier Flügelventilatoren im Innern
des Kastens; dadurch wurden diese Unregelmäßigkeiten vollkommen beseitigt. (Vgl. L. J. 44, S. 782.)

Bei dem gleichen Futter fand am 23. VI. ein zweiter Respirationsversuch statt. Das Tier hatte die ganze Zeit sein Gewicht unverändert behalten und wog 442 kg.

10^{21} Uhr wurde der Kasten geschlossen und die Ventilation und Kältemaschine in Gang gesetzt. 12^{8-10} Uhr erfolgte die Gasprobenentnahme, 12^{10-13} Uhr die Laugeprobenentnahme. An den Thermometern wurden folgende Daten abgelesen:

<pre>
Erdgeschoß, trocken . . . . 16,9°
Erdgeschoß, feucht . . . . 9,5°
Keller, trocken . . . . — 0,3°
Keller, feucht . . . . — 2,5°
</pre>

Das Barometer zeigte 754,2 mm, die Wasserdampftension 5,21 mm, der Gasdruck 748,99 mm. Das Kastengas setzte sich zusammen aus $0,04\%$ CO_2, $20,49\%$ O_2, $79,41\%$ N, $0,057\%$ CH_4.

Nach 24 Stunden 44 Minuten wurden die Endproben genommen. In diesem Moment wurden folgende Thermometerablesungen notiert:

<pre>
Vor dem Absorptionsturm trocken . . . . . 16,15°
   „   „   „   feucht . . . . . . 9,2°
Hinter dem Absorptionsturm trocken . . . — 0,7°
   „   „   „   feucht . . . — 1,2°
</pre>

Barometerstand 750,93 mm, W. D. T. 5,58 mm, Gasdruck 745,35 mm.

Die Analyse der Kastenluft zu Beginn ergab $0,04\%$ CO_2, $20,49\%$ O_2, $79,41\%$ N, $0,0638\%$ CH_4.

Die Analyse des Endgases ergab $0,09\%$ CO_2, $17,80\%$ O_2, $81,90\%$ N, $0,213\%$ CH_4.

Aus dem Gasometer wurden 891 l Luft mit 173,2 l O_2 (reduziert) und 655,5 l N (reduziert) eingelassen. Eingedrungen in den Apparat sind 1051,1 l N mit 277,8 l O_2. Der Sauerstoffvorrat des Apparates hatte sich um 2204 l vermindert, so daß also der Gesamtverbrauch in 1484 Minuten 2655 l O_2, reduziert auf 1440 Minuten = 2576,4 l betrug. In der Lauge fanden sich 2441 l CO_2, dazu kommen noch 40 l aus der Kastenluft, insgesamt also 2481 l reduziert auf 1440 Minuten = 2407,5 l CO_2. R.Q. 0,94, an Methan 120,6 l, oder in 1440 Minuten = 117,0 l.

Vom 24. VI. ab wurden dem Tier wieder 5 kg Heu und 1,0 kg Schrot verabreicht und das Tier nahm ständig an Gewicht zu und erreichte am 11. VII., dem Tage des 4. Versuches, 460 kg.

Morgens um $7^1/_4$ Uhr kam das Tier in den Kasten, der alsbald geschlossen und bis 11^{54} Uhr mit Frischluft ventiliert wurde. Um 1^6 Uhr begann nach den Ablesungen der Thermometer und nach der Probeentnahme der Kastenluft und der Lauge der Versuch. Die Thermometer zeigten

<pre>
vor dem Absorptionsturm trocken . . . . . 17,3°
  „   „   „   feucht . . . . 10,5°
</pre>

hinter dem Turm trocken . . . . -1^0

    „   „   „   feucht . . . . -2^0

Die Kastenluftanalysen ergaben folgende Werte:

Zu Beginn 0,052% CO_2, 20,568% O_2, 79,34% N, 0,04% CH_4.

Am Schluß 0,08% CO_2, 17,98% O_2, 81,72% N, 0,2186% CH_4.

Der Kastenvorrat an Sauerstoff hatte um 2093 l abgenommen. Eingelassen wurden aus dem Gasometer 2057 l Luft, damit 386 l O_2 (reduziert) und 1431 l N (reduziert!). Am Schluß waren ausgesaugt 142 l Luft mit 23,7 l O_2 (reduziert) und 107 l N, so daß 362,3 l Sauerstoff der Kastenluft zugefügt wurden. An Stickstoff waren demnach 1431 — 107 = 1324 l hineingepreßt. Aus der Berechnung auf Grund der Analysen ergab sich eine Anreicherung von 1867 l N im Kasten, so daß noch 543 l N auf unbekanntem Wege und damit 143,4 l Sauerstoff eingedrungen sind. Der Gesamt-Sauerstoffverbrauch berechnet sich für 1434 Minuten auf 2598,7 l, also für 1440 Minuten 2610 l. An Kohlensäure wurden in 1440 Minuten 2760 l ausgeschieden. R. Q. 1,057. Die Methanmenge belief sich auf 146,3 l. In nachfolgender Tabelle XIII sind die Ergebnisse der 4 Versuche zusammengestellt.

Tabelle XIII.

Regnault-Reiset-Versuche.

a) mit rohfaserreichem Futter.

Tagesfutter: 5 kg Heu, 1,0 kg Schrot.

Datum 1910	Versuchstemperatur °C	CO_2-Ausscheidung l	O_2-Verbrauch l	R.Q.	CH_4-Produktion l	Sauerstoffverbrauch pro kg und Min.	Wärmeproduktion[1] Cal	cal[1] pro 1 kg und Min.	Cal[1] pro 1 qm und Min.	Liegezeiten Min.	Körpergewicht kg
4. VI.	20,2	2832	2606	1,087	158,4	3,97	12,587	19,17	—	489	456
11. VII.	17,3	2760	2610	1,057	146,3	3,94	12,606	18,99	—	426	460
Mittel	18,8	2796	2608	—	152,4	3,955	12,597	19,08	14,72	458	458

b) mit rohfaserarmem Futter.

Tagesfutter: 1,5 kg Heu und 2,5 kg Schrot.

Datum 1910	Versuchstemperatur °C	CO_2-Ausscheidung l	O_2-Verbrauch l	R.Q.	CH_4-Produktion l	Sauerstoffverbrauch pro kg und Min.	Wärmeproduktion[1] Cal	cal[1] pro 1 kg und Min.	Cal[1] pro 1 qm und Min.	Liegezeiten Min.	Körpergewicht kg
10. VI.	21,0	2371,7	2406	0,98	127,0	3,81	11,621	18,34	—	625	440
23. VI.	16,6	2407,0	2576	0,94	117,0	4,07	12,442	19,55	—	433	442
Mittel	18,8	2389,0	2491	—	122,5	3,94	12,032	18,95	14,42	529	441

[1]) Die Calorien sind in beiden Versuchen unter der Annahme berechnet, daß die den Oxydationsprozessen in den Geweben zugehörige Kohlensäure den respiratorischen Quotienten 0,84 ergeben würde, entsprechend den für die Lungenatmung gefundenen Werten. Wie S. 51 ausgeführt, entsprechen diesem Quotienten 4,830 Cal auf 1 l Sauerstoff.

Vergleichen wir nun zuerst den Sauerstoffverbrauch aus den Mitteln beider Versuchsreihen, so wurde zwar in der rohfaserreichen Periode etwas mehr verbraucht; doch ist dieser Unterschied nicht groß genug, um daraus einen nennenswerten Einfluß der mechanischen Beschaffenheit des Futters auf den Energieumsatz zu folgern, zumal dieser Unterschied noch kleiner wird, wenn wir den Verbrauch vom 10. VI. mit 625 Minuten Liegezeit auf den höheren Verbrauch bei 433 Minuten (wie am 23. VI.) reduzieren.

Nach den Ausführungen S. 20 können wir den Mehrverbrauch im Stehen pro Minute auf 24% von 3,6 ccm O = 0,9 ccm einschätzen. Das macht für 192 Minuten bei 440 kg Gewicht 76,0 l O. Der Verbrauch am 10. VI. würde also bei 433 Minuten Liegen auf 2482 l steigen. — Im Mittel hat das Tier in der Reihe b 71 Minuten mehr gelegen, dafür wäre der Mittelwert dieser Reihe um 28 l auf 2519 l Sauerstoffverbrauch zu erhöhen. Der nun noch bleibende Mehrverbrauch der Heuperiode von 89 l Sauerstoff erlaubt uns keine einwandfreien Schlüsse über die Einwirkung des rohfaserreichen Futters auf die Arbeitsleistung des Darmkanals, denn dieser Mehrverbrauch ist kleiner als der für die Differenz im Liegen korrigierte Unterschied der beiden Versuche bei Schrotfütterung, der 94 l beträgt und, abgesehen von möglichen Versuchsfehlern, auf ungleiche Muskeltätigkeit zu beziehen ist. Wenn wir aber die 89 l Mehrverbrauch als wirklich durch die verschiedene Fütterung bedingt ansehen, müssen wir sie analog den Erfahrungen bei anderen Tierklassen zum großen Teil darauf beziehen, daß in Periode a mehr Nahrung verdaut wurde.

Laut Tabelle XIV a und b beträgt dieses Plus 86,6 g Protein, 24,0 g Fett und 738,4 g Kohlenhydrate. Nun entspricht jedem Gramm verdauter Nahrung

bei Eiweiß . . . eine Steigerung um 0,7 Cal, also hier 60,6 Cal
„ Fett . . . . . „ „ „ 0,24 „ „ „ 5,8 „
„ Kohlenhydrat . „ „ „ 0,38 „ „ „ 280,6 „

347,0 Cal

Da bei diesen Versuchen (vgl. S. 51) 1 l Sauerstoff 4,83 Cal erzeugt, bedingt das Mehr an verdauten Nährstoffen eine Steigerung des Sauerstoffverbrauchs um 72 l. Nun kommt als weiteres den Verbrauch steigerndes Moment die Kauarbeit in Betracht. Nach Dahms Beobachtungen (l. c. S. 496) hat das Tier bei der rohfaserreichen Portion täglich 32 Minuten mehr auf Kauen und 84 Minuten mehr auf Wiederkauen der Nahrung verwendet. Er fand den Verbrauch einer Minute durch Kauen bei 220 kg Gewicht um 7,6 cal pro 1 kg, also im ganzen um 1,67 Cal, durch Wiederkauen bei 243 kg Gewicht um 2,9 cal = 0,705 Cal gesteigert.

Aus meinen Versuchen an dem inzwischen auf fast das 2½fache Gewicht herangewachsenen Tier ergeben sich folgende Werte:

Für Kauen . . . aus Tab. I u. III 7,3 cal bei 530 kg = 3,87 Cal pro Min.

„ Wiederkauen „ „ II u. IV 3,0 „ „ 537 „ = 1,61 „ „ „

Beide Minutenwerte sind also in etwas geringerem Maße als das Körpergewicht gewachsen.

Natürlich kommen hier nur meine Werte in Betracht; sie lassen in der Heuperiode eine Steigerung des Energieverbrauchs erwarten

$$\begin{aligned}
\text{für Kauen} \ldots \text{um } 32 \times 3,87 &= 123,8 \text{ Cal} \\
\text{„ Wiederkauen „ } 84 \times 1,61 &= \underline{135,2 \text{ „}} \\
& 259,0 \text{ Cal}
\end{aligned}$$

entsprechend 54 l Sauerstoff.

Aus beiden Momenten zusammen berechnet sich also eine Steigerung des O-Verbrauchs um 126 l, während faktisch nur eine solche um 89 l beobachtet wurde. — Eine Steigerung des Energieverbrauchs durch die den Darm passierende Rohfaser über den durch die gewöhnliche Verdauungsarbeit und das Kauen bedingten Wert ist also nicht nachweisbar.

Die Wärmeproduktion ist dem Sauerstoffverbrauch proportional berechnet. (Annahme des gleichen respiratorischen Quotienten für den eigentlichen Stoffwechsel in beiden Reihen.) Die Berechnung des Verbrauchs auf 1 qm und Minute oder auch auf 1 kg Lebendgewicht und Minute, wobei der Unterschied ganz verschwindet, weil das Tier in der rohfaserreichen Periode schwerer war, ist unberechtigt, da die Gewichtszunahme nur auf Bauchfüllung beruht, also keine Änderung der lebendigen Körpermaße bedeutet.

Dagegen wird die Kohlensäurebildung und die Methanausscheidung in der rohfaserreichen Periode gewaltig gesteigert, die erstere um 17 %, letztere um 24 %. Dieses Mehr an Kohlensäure und Methan ist wohl nur auf die verstärkte Gärung infolge der größeren Menge von Cellulose zurückzuführen. Dieses Beispiel läßt sehr schön erkennen, welch einen Irrtum man beginge, wollte man die gesteigerte Kohlensäureausscheidung mit einer ebenso großen Steigerung des Energieumsatzes in Verbindung bringen.

Für eine direkte Berechnung der Stoff- und Energiebilanz in der Weise, wie sie Kellner auf Grund der Kohlensäurebestimmung und wie wir sie unter Berücksichtigung des Sauerstoffs und der Kohlensäure bei dem Studium über den Nährwert der Schlempe und Kartoffeln[1]) ausgeführt haben, konnte

---

[1]) von der Heide, Klein und Zuntz, Respirations- und Stoffwechselversuche am Rinde über den Nährwert der Kartoffelschlempe und ihrer Ausgangsmaterialien. Landw. Jahrb. 1913, S. 765.

ich die Unterlagen nicht vollständig beschaffen, weil der Harn bereits zersetzt war. Wir können aber entsprechend der in jener unserer Arbeit S. 814 ausgeführten, Rechnung aus der Futtermittelanalyse und der Bilanz der Einnahmen und Ausgaben die Sauerstoff-, Kohlensäure- und Energiebilanz mit hinreichender Genauigkeit berechnen. Die dort berechneten Unterlagen habe ich in Tab. XV, S. 47 zusammengestellt.

1. Berechnung des Energieumsatzes aus der elementaren Zusammensetzung der Einnahmen und Ausgaben.

Bei den Respirationsversuchen von Dahm wurde, wie bereits erwähnt, je ein Stoffwechselversuch mit rohfaserreicher und rohfaserarmer Kost ausgeführt. Von diesem Versuch hat Dahm nur die N-Bilanz fertiggestellt und S. 464 seiner Abhandlung veröffentlicht. Die weitere Analyse der Nahrung und Ausscheidungen wurde von Dr. von der Heide durchgeführt, der mir die Zahlen zur Verfügung stellte. Dieselben finden sich in Tabelle XIV und sind in den nachfolgenden Tabellen XIV a und b zur Berechnung der beiden Stoffwechselversuche benutzt worden. Selbstverständlich konnte das fast doppelt so schwer gewordene Tier zur Zeit meiner Versuche mit dem Futter nicht mehr auskommen. Man darf aber wohl annehmen, daß die Verdauungsverhältnisse des von jener Zeit aufbewahrten Heues und Schrotes, die wir während der R.-R.-Versuche verfütterten, dieselben geblieben sind. Unter dieser Annahme sind die Tabellen XVI a und b berechnet. Der bei den Dahmschen Versuchen sehr erhebliche Proteinansatz dürfte bei meinen Versuchen einem annähernden Gleich-

Tabelle XIV.

Analytische Daten zu Dahms Stoffwechselversuchen im Sommer 1909.

I. rohfaserreiche Periode: 5 kg Heu, 1 kg Schrot + 15 g NaCl.

II. rohfaserarme Periode: 1,5 kg Heu, 2,5 kg Schrot + 15 g NaCl.

Substanz	Wasser %	Trockensubstanz %	Asche %	Organ. Substanz %	Roh-Protein $N_2 \times 6{,}25$ %	Fett %	Roh-faser %	N_2-freie Extraktstoffe %	cal pro 1 g
Heu . . .	12,95	87,05	6,3	80,75	8,188	2,39	33,45	36,722	4000,0
Schrot . .	15,2	84,8	2,085	82,715	7,875	1,61	2,96	70,27	3733,0
Kot I . .	8,86	91,14	12,14	79,0	10,22	4,59	30,8	33,39	4250,0
Kot II . .	9,33	90,67	8,24	82,43	11,81	5,43	30,4	34,79	4327,0

Tabelle XIVa.

I. Periode: Stoffwechselbilanz.

Substanz	Wasser g	Trocken-substanz g	Asche g	Organ. Substanz g	Roh-protein g	Fett g	Roh-faser g	N-freie Extrakt-stoffe g	Cal
5 kg Heu	647,5	4353	315,0	4038	409,4	119,5	1672,5	1836,1	20000
1 kg Schrot . . .	152,0	848	20,85	827,1	78,8	16,1	29,6	702,7	3733
Summe der Ein-nahmen . . .	799,5	5201	335,85	4865,1	488,2	135,6	1702,1	2538,8	23733
2,054 kg Kot (luft-trocken) . . .	182,0	1872,0	249,8	1622,2	209,4	94,28	632,7	685,8	8730
Verdaut	617,5	3329	86,0	3242,9	278,8	41,3	1069,4	1853,0	15003
Verdaut in % .	—	64,01	25,61	66,6	57,2	35	62,8	72,9	63,2
Harn	—	—	—	—	154,6	—	—	—	—
N_2 angesetzt . .	—	—	—	—	124,2	—	—	—	—

Tabelle XIVb.

II. Periode: Stoffwechselbilanz.

Substanz	Wasser g	Trocken-substanz g	Asche g	Organ. Substanz g	Roh-protein g	Fett g	Roh-faser g	N_2-freie Extrakt-stoffe g	Cal
1,5 kg Heu . . .	194,2	1305,8	94,5	1211,2	122,83	35,85	501,7	550,8	6000
2,5 kg Schrot . .	380,0	2120,0	52,1	2067,9	196,9	40,20	74,0	1757,0	9333
Summe der Ein-nahmen . . .	574,2	3425,8	146,6	3279,1	319,73	76,05	575,7	2307,8	15833
1,08 kg Trocken-kot	100,48	979,3	89,0	890,3	127,55	58,65	324,4	375,7	4673
Verdaut	—	2446,5	57,6	2388,8	192,18	17,40	251,3	1932,1	10660
Verdaut in % .	—	71,41	39,3	72,8	60,2	22,3	43,6 [1])	82,5	69,5
Harn	—	—	—	—	130,4	—	—	—	—
N_2 angesetzt . .	—	—	—	—	61,7	—	—	—	—

gewichtszustande Platz gemacht haben, da die Nahrung, wie wir gleich sehen werden (Tabelle XVIa, b), den Erhaltungsbedarf des Tieres nicht ganz deckte und außerdem die Tendenz zum Eiweißansatz mit zunehmendem Alter erheblich abgenommen

---

[1]) Auffällig ist die bedeutend geringere Ausnützung der Rohfaser in dieser Periode gegenüber der I. Periode. Da aber dieser rohfaserarmen Periode eine rohfaserreiche voranging, und da nur eine 4tägige Vorfütterung stattgefunden hatte, so ist nach unseren jetzigen Erfahrungen noch eine große Menge Rohfaser in diesen Kot gelangt, die noch aus der rohfaserreichen Periode stammt. So ist also die gefundene Rohfaser im Kot viel zu groß, und dadurch wird der Verdauungskoeffizient stark herabgedrückt. Bei einer solch gewaltigen Änderung im Futter ist eine wesentlich längere Vorfütterung nötig.

hatte. Unter der sicher nicht weit von der Wahrheit abweichenden Annahme, daß N-Gleichgewicht herrschte, läßt sich auf Grund der in Tabelle XIII zusammengestellten Versuche, in Verbindung mit der chemischen Analyse der Stoff- und Kraftwechsel des Tieres berechnen. Ich tue dies in derselben Weise, wie in den veröffentlichten Versuchen[1]. Nur eine der für die Berechnung nötigen Zahlen, die Verbrennungsdaten des Harns, konnte nicht mehr genau ermittelt werden und wurde deshalb auf Grund folgender Überlegung geschätzt. In den l. c. veröffentlichten Versuchen war S. 822 für eine spätere Lebensperiode unseres Versuchstieres bei reiner Heufütterung der Brennwert, der Sauerstoffverbrauch und die Kohlensäurebildung bei Verbrennung des Harnes festgestellt worden. Es ergab sich damals pro 1 g N eine Verbrennungswärme von 23 Cal (calorischer Quotient). Bei wesentlich eiweißreicherem Futter in der Periode 4 ging dieser Wert auf 19 Cal herunter, bei sehr reichlicher Zugabe von Kartoffeln resp. Stärke stieg er auf 31 Cal. Bei Zugabe von Schrot zum Heu werden wir keinen großen Fehler machen, wenn wir mit den Werten der Heuperiode vom April 1911 rechnen, d. h. annehmen, daß bei der Verbrennung des Harnes pro 1 g N 4,89 g CO_2 gebildet, 4,725 g O_2 verbraucht und 23,4 Cal erzeugt wurden. Da wir, wie schon erwähnt, annehmen dürfen, daß N-Gleichgewicht herrschte, ist die Ausscheidung im Harn

in der Heuperiode zu 278,83 g Protein = 44,6 g N,
„ „ Schrotperiode „ 192,18 g „ = 30,7 g N

zu schätzen. Hieraus ergibt sich mit obigen Zahlen

für die Heuperiode:

$$0,2107 \text{ kg } O_2$$
$$0,2180 \text{ kg } CO_2$$
$$1042 \text{ Cal};$$

für die Schrotperiode:

$$0,1421 \text{ kg } O_2$$
$$0,1472 \text{ kg } CO_2$$
$$707,5 \text{ Cal.}$$

---

[1] Landw. Jahrb. **1913**, 814.

Mit Hilfe dieser Daten, der in Tabelle XIII zusammengestellten vier Respirationsversuche und der in Tabelle XV zusammengestellten Konstanten gestaltet sich die Bilanz beider Perioden wie folgt:

Tabelle XV.

Bei der Verbrennung von 1 g Protein, Kohlenhydrate und Fett werden nachstehende Mengen O_2 verbraucht, CO_2 gebildet und Cal erzeugt.

Substanz	O_2 g	CO_2 g	cal
Protein	1,781	1,936	5700
Cellulose und Stärke .	1,187	1,629	4190 [1])
1 g Fett	2,845	2,790	9500

Tabelle XVIa.

I. Heureiche Periode.

	O_2 g	CO_2 g	Cal
5 kg Heu	5238,5	6842,0	18455,5
1 kg Schrot	1029,2	1390,1	3676,8
Summa der Einnahmen	6267,7	8232,1	22132,(3)
2,054 kg Trockenkot	2218,0	2817,0	8134,0
Verdaut	**4049,7**	**5415,1**	**13998,0**
CH_4 152,4 l	435,9	298,7	1451,5
Es bleiben	3613,8	5116,4	12546,5
4,736 kg Harn	210,7	218,0	1042,0
Es bleiben	3403,1	4898,4	11504,5
Respiration 2796 l CO_2, 2680 l O_2	3829	5494,0	—
Unterbilanz	426	595	—
Entspricht g Körperfett	123	211	—
Mittel	167		1586,5
Wärmeproduktion pro die	—	—	13091

Cal-Wert pro 1 g O = 3,419 Cal.

---

[1]) Diese Zahl gilt für den verdaulichen Teil der eigentlichen Kohlenhydrate und der Rohfaser. Kellner gibt in seinem Lehrbuch, S. 94, 5. Aufl. die Verbrennungswärme der Rohfaser

des Heues . . . . zu 4426 Cal an
die des Kotes . . . . . . zu 4782 „ „
die der verdauten Rohfaser zu 4190 „ „

Diese Werte sind in den beiden nachfolgenden Tabellen verwendet.

Tabelle XVIb.

II. Heuarme Periode.

	O_2 g	CO_2 g	Cal
1,5 kg Heu	1571,5	2052,2	5728
2,5 kg Schrot	2573,0	3475,3	9174,5
Summa der Einnahmen	4144,5	5527,5	14902,5
1,08 kg Trockenkot	1233,0	1557,5	4235,0
Verdaut	**2911,5**	**3970,0**	**10667,5**
CH_4 122,5 l	353,5	241,0	1166,7
Es bleiben	2558,0	3729,0	9500,8
Harn 4,716 kg	142,1	147,2	707,5
Es bleiben	2415,9	3581,8	8793,3
Respiration 2389 l CO_2, 2491 l O_2	3560,0	4694,0	—
Unterbilanz	1144,1	1112,2	—
Entspricht g Körperfett	396,2	396,3	—
Mittel	396,25		3764,5
Wärmeproduktion pro die	—	—	12557,8

Cal-Wert pro 1 g $O_2 = 3{,}527$ Cal.

Wir haben also in den beiden Versuchen einen nicht unerheblichen Verlust an Körpermaterial, dessen calorischer Wert sich nicht wesentlich ändern würde, wenn unsere Annahme, daß N-Gleichgewicht bestanden habe, im positiven oder negativen Sinne unrichtig wäre.

Wie in den bisher veröffentlichten Versuchen der aus der Sauerstoffbilanz berechnete Fettansatz etwas niedriger war, als der aus der Kohlensäure, so wurde auch in dem Heuversuch der Verlust auf dem ersteren Weg geringer gefunden, als über die Kohlensäure (die Abweichung überschreitet nicht die Grenze des zulässigen Fehlers). Im Schrotversuch stimmen beide Rechnungen in sehr erfreulicher Weise überein. Indem wir den Brennwert des im Mittel beider Rechnungsweisen gefundenen Verbrauches von Körperfett dem Brennwert des Nahrungsrestes zurechnen, finden wir die 24 stündige Wärmeproduktion des Tieres. Sie beträgt im Heuversuch 13091 Cal, im Schrotversuch 12558 Cal. Der Mehrverbrauch in der rohfaserreichen Periode beträgt also nur 4,2 %.

So lassen sich also meine Daten ähnlich wie in den Landwirtschaftlichen Jahrbüchern, l. c. (Fußnote), zur Kontrolle der Genauigkeit der Berechnung des Energieumsatzes aus der gewöhnlichen Futtermittelanalyse benutzen. Auf Seite 41 hatte ich aus den R.-R.-Versuchen unter Benutzung der R.Q. der Lungenatmung und unter der Annahme, daß diese R.Q. das Resultat der Verbrennung eines Gemisches von Fett und Stärke sind, einen Energieverbrauch von 12597 Cal berechnet, während wir unter Berücksichtigung der Verdauungswerte, der CH_4-Bildung, und der Verluste im Harn den Wert 13091 finden. Der unter Benutzung der Futtermittelanalyse gefundene Wert weicht um 494 Cal $= 3,9\,^0/_0$ von dem aus den R.-R.-Versuchen allein berechneten ab. Angesichts dieser geringen Abweichung erscheint es überflüssig, für die zuletzt gewonnenen Zahlen nochmals eine Berechnung auf die Oberfläche durchzuführen.

Die in neuerer Zeit von uns ausgearbeitete direkte Elementaranalyse der Futterstoffe und Stoffwechselprodukte in der Calorimeterbombe wurde in dieser Versuchsreihe noch nicht durchgeführt.

2. Berechnung des Energieumsatzes aus den respiratorischen Quotienten. Vergleich des von Dahm berechneten Energieverbrauchs und des in den R.-R.-Versuchen bei dem gleichen Futter gefundenen.

Herr Dahm hat den Gesamtverbrauch seines Tieres aus dem Sauerstoffverbrauch unter der Annahme berechnet, daß nur Fett und Kohlenhydrat an der Verbrennung teilgenommen hätten und zwar in dem nach dem respiratorischen Quotienten berechneten Verhältnis. Diese Rechnung trifft aber bei dem Wiederkäuer nicht streng zu, da ja bei ihm nicht nur die verdaute Rohfaser, sondern auch der größte Teil des übrigen Kohlennydrates durch Gärung in Methan, Kohlensäure und organische Säuren umgewandelt wird. Über die Natur dieser Umwandlung gerade bei der hier vorliegenden Fütterung von im wesentlichen Heu und Getreidemehl geben uns die Gärungsversuche von Markoff Aufschluß. Nach der von Zuntz durchgeführten Rechnung in Biochem. Zeitschr. 57, 61 können wir annehmen, daß aus 0,9745 mg-Mol Kohlenhydrat von der Formel der Stärke und Cellulose 0,9783 mg-Mol Buttersäure und 0,1151 mg-Mol Milchsäure werden. Der calorische Wert des Sauerstoffs und der respiratorischen Quotienten für die aus den Kohlenhydraten für die Ernährung übrig bleibenden Säuren berechnet sich hieraus wie folgt.

Gemäß Tabelle XIVa wurden aus 5 kg Heu und 1 kg

Schrot verdaut: 1069,4 g Rohfaser und 1853,0 g N-freie Stoffe, in Summa: 2922 g Kohlenhydrat der Formel $C_6H_{10}O_5$. Das entspricht 18,38 g-Mol, woraus 18,443 g-Mol Buttersäure und 2,169 g-Mol Milchsäure werden. Bei der vollständigen Oxydation dieser Produkte werden pro 1 g-Mol Buttersäure 160 g Sauerstoff verbraucht und 524,75 Cal gebildet. Es sind also im ganzen entstanden:

9677 Cal unter Verbrauch von 2951 g O_2. Die 2,169 g-Mol Milchsäure brauchen pro 1 g-Mol 96 g O, liefern 329,7 Cal, so daß aus Milchsäureverbrennung 715 Cal entstanden sind unter Verbrauch von 208,2 g O. Die gesamten organischen Säuren haben 10 392 Cal geliefert unter Verbrauch von 3159 g O. Die Buttersäure liefert pro 1 g-Mol 4 Mol CO_2 und braucht 5 Mol O_2. Die Milchsäure braucht 3 Mol O_2 und liefert ebenso viel CO_2. Wir haben also auf die 18,443 g-Mol Buttersäure 73,772 g-Mol CO_2 und auf die 2,169 g-Mol Milchsäure 6,507, zusammen 80,279 g-Mol unter Verbrauch von 5 mal 18,443 $=$ 92,215 g-Mol O_2 für Buttersäureverbrennung und 3 mal 2,169 $=$ 6,507 g-Mol O_2 für Milchsäure, zusammen 98,722 g-Mol. Der respiratorische Quotient der im Körper veratmeten Gärungsprodukte der Kohlenhydrate ist also

$$80,279 : 98,722 = 0,813.$$

Da, wie wir oben berechneten, die Gärungssäuren im ganzen 3159 g O_2 verbrauchten und 10 392 Cal lieferten, kommen hier beim respiratorischen Quotienten 0,813 auf 1 g O_2 3295 cal oder auf 1 l O_2 $=$ 4792 cal. Bei totaler Verbrennung eines Gemisches von Fett und Stärke entspricht demselben respiratorischen Quotienten eine Wärmemenge von 4887 cal pro 1 l O_2. Es ist also der Brennwert des Sauerstoffs, wenn er zur Oxydation der Gärungsprodukte der Kohlenhydrate dient, bei gleichem respiratorischen Quotienten um etwa 2 $^0/_0$ niedriger als bei Verbrennung von Fett und Stärke. Bei Oxydation des Eiweißes im Körper des Hungertieres haben wir bei fast demselben respiratorischen Quotienten (0,803) pro 1 l Sauerstoff 4466 cal.

In ähnlicher Weise wie man aus dem Sauerstoffverbrauch bei reiner Fettverbrennung einerseits, reiner Stärkeverbrennung andrerseits den calorischen Wert des Sauerstoffs für jedes Gemisch von Fett und Kohlenhydrat berechnet, können wir auch aus den hier vorliegenden Zahlen den analogen Wert berechnen für das im Körper des Wiederkäuers zur Verbrennung gelangende Gemisch von Gärprodukten mit geringen Mengen ungespalten resorbierter Kohlenhydrate. Eine Komplikation durch Fett besteht in meinen Versuchen nicht, da die verdauten Fettmengen pro Tag in der Heuperiode nur 41,4 g, in der Schrotperiode nur 17,4 g betrugen; eine Menge, die für die fettartigen Ausscheidungen an der Körperoberfläche wohl annähernd verbraucht wird, so daß zur Oxydation kaum Fett bleibt.

Für die einzelnen respiratorischen Quotienten zwischen 0,813 und 1,00 können wir den calorischen Wert des Sauerstoffs nunmehr leicht berechnen. Er beträgt

bei dem Quotienten 0,813 . . . 4,792 Cal

„ „ „ 1,00 . . . 5,058 „

Es bedingt also ein + von 0,187

im Quotienten . . . . . 0,266 Cal

Ein Zuwachs des Quotienten um 0,01 steigert den calorischen Wert um 14,24 kleine Cal. Für den von Dahm und mir beobachteten Quotienten 0,84 hätten wir also gegenüber der reinen Verbrennung der organischen Säuren für das + von 0,027 im respiratorischen Quotienten 38,4 cal. Es würde also bei unseren Versuchen 1 l Sauerstoff = 4,830 Cal erzeugen, nach der beim Omnivoren richtigen Rechnung würde sich aus demselben Quotienten pro 1 l 4,911 Cal berechnen. Mit dieser Zahl hatte Dahm bei seinem damals 243 kg wiegenden Tier den Verbrauch zu 8282 Cal berechnet. Wenn wir hiervon den Aufwand für Kauarbeit mit 314 Cal abziehen, bleiben für die übrigen Leistungen 7968 Cal. Mit dem Meehschen Faktor 10 berechnet, ergibt sich pro 1 qm 2046 Cal. Wenn wir in der gleichen Weise vorläufig mit den Fett-Stärkewerten das Mittel meiner beiden Regnault-Reiset-Versuche 2608 l O_2 einsetzen beim respiratorischen Quotienten 0,84, so finden wir einen Gesamtverbrauch von 12808 Cal, wovon wieder 314 für Kauarbeit abgehen, so daß für die übrigen Leistungen 12494 entfallen, also bei 5,94 qm Oberfläche 2103 pro 1 qm. Die gleiche Rechnung unter Benutzung der richtigeren calorischen Werte, wie sie sich unter Berücksichtigung der Gärung berechnen, ergibt $2608 \times 4,83 = 12597$ Cal, nach Abzug der Kauarbeit

12283 Cal. Pro 1 qm Oberfläche 2068 Cal. Die Korrektur ist also keine große, sie beträgt etwa $1\,^{1}/_{2}\,^{0}/_{0}$ des ganzen Wertes.

Dieser Vergleich der Dahmschen Werte mit den Ergebnissen der Regnault-Reiset-Versuche ist deshalb ohne weiteres zulässig, weil die biologischen Leistungen des Tieres in beiden Fällen fast die gleichen waren. Wenn ich die über den Tag gleichmäßig verteilten 12 Versuche, aus denen Dahm seinen Wert gewonnen hat, zusammenfasse, so ergibt sich, daß das Tier in 246 Minuten 63 Minuten gelegen und 121 Minuten wiedergekaut hat. Auf 24 Stunden umgerechnet, heißt das 369 Minuten liegen und fast 700 Minuten wiederkauen. Das Tier hat also im Regnault-Reiset-Apparat etwas mehr, als wie im Durchschnitt der Dahmschen Beobachtungen, wiedergekaut und etwas weniger gelegen. Die beiden ohnedies geringfügigen Abweichungen dürften sich also nahezu kompensieren, so daß wir beim Vergleich der Dahmschen Versuche mit einem Verbrauch von 2046 Cal pro 24 Stunden und 1 qm und der meinigen mit 2078 Cal zu einer sehr befriedigenden Übereinstimmung der auf so verschiedene Weise bei ungleichen Methoden gewonnenen Ergebnisse gelangen.

IV. Vergleich der älteren Zuntzschen Methode mit der Regnault-Reiset-Methode.

Die Respirationsversuche im März 1912.

Um Kanülenversuche direkt mit einem Regnault-Reiset-Versuch vergleichen zu können, wurden die nachfolgenden Versuche ausgeführt. Sie sollten Aufschluß geben, wieweit der nach der Zuntzschen Kanülenmethode gewonnene und in der üblichen Weise auf 24 Stunden berechnete Mittelwert mit dem beim gleichen Futter angestellten 24stündigen Regnault-Reiset-Versuch übereinstimmt. Nach den vorhergehenden Auseinandersetzungen darf der Vergleich sich nur auf den Sauerstoff erstrecken. Die Kohlensäuremenge muß natürlich beim Kanülenversuch viel niedriger ausfallen, aber aus dem Unterschied können wir dann ein Bild gewinnen, wieviel Kohlensäure ausgerülpst, durch die Haut und mit den Darmgasen ausgeschieden wurde.

Das Futter setzte sich seit dem 10. II. aus 6,5 kg Heu, 2 kg

Stroh, 2 kg Schrot und 22 kg Rüben zusammen. Dieses Futter wurde bis zum 22. II. verabreicht, von da ab wurde die Heumenge auf 7 kg gebracht und die Rüben auf 25 kg. Das Stroh fiel weg. Die Respirationsversuche wurden in der Zeit vom 28. II. bis 7. III. durchgeführt (siehe Generaltabelle B der Kanülenversuche S. 32). Die Gewichtstabelle gibt für diese Zeiten folgende Werte an:

23. II. . . . . 642 kg		1. III. . . . . 630 kg
24. II. . . . . 635 „		2. III. . . . . 625 „
25. II. . . . . 630 „		3. III. . . . . 628,5 „
26. II. . . . . 631 „		4. III. . . . . 631 „
27. II. . . . . 632 „		5. III. . . . . 637 „
28. II. . . . . 630 „		6. III. . . . . 641 „
		7. III. . . . . 637 „
		8. III. . . . . 630 „

Das Gewicht ist also sehr konstant geblieben.

Die Versuchsanordnung war folgendermaßen:

An drei aufeinanderfolgenden Tagen, am 5., 6. und 7. III., stellte ich morgens die relativen Nüchternwerte fest, dann wurden dem Tier 3 kg Heu und 10 kg Rüben verabreicht. Es wurden darauf wieder Kanülenversuche ausgeführt. Während nun an den zwei ersten Tagen die Versuche von morgens 7^{00} bis mittags 12^{00} reichen, erstrecken sich die Versuche vom 7. III. über den ganzen Tag und die Nacht. Mittags um 1^{00} wurde das Mittagfutter, bestehend aus 3 kg Heu und 10 kg Rüben, um 7^{00} abends das Abendfutter, bestehend aus 1 kg Heu, 5 kg Rüben und 2 kg Schrot, verabreicht. Sämtliche Werte sind in die nachstehende Kurve eingezeichnet, wobei die Abszisse die Stunden, die Ordinate die aus Sauerstoffaufnahme und respiratorischem Quotient berechneten Calorien pro 1 kg und Minute ausdrückt. Die Werte der relativen Nüchternversuche 17,9 bis 18,5 Cal, stimmen mit denen im Jahre 1911 bei der Übergangsfütterung mit ähnlichem Futter aus 8 kg Heu, 1,65 kg Schrot und 2,5 kg Melasse (siehe Tabelle VIII und IX S. 24) (Mittel 18,1 Cal) sehr gut überein.

Bei der Betrachtung der Kurve möchte ich auf zwei Dinge aufmerksam machen: Nach dem Morgenfutter (ohne Schrot) stellt sich die Wärmeproduktion in langsamem Anstieg auf eine Höhe ein, die auch nach Verabreichung des Mittagfutters (ebenfalls ohne Schrot) ganz gleich bleibt. Erst nach Verabreichung

4

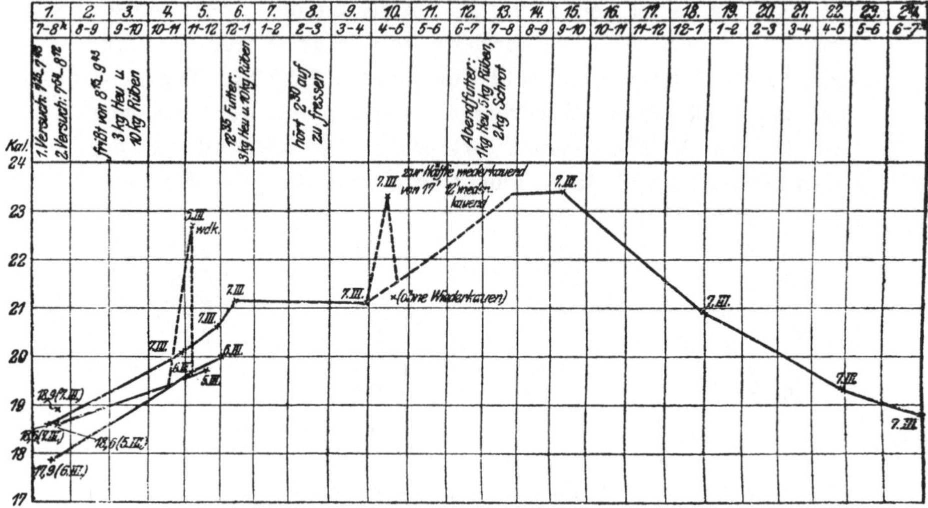

Kurve eines 24stündigen Kanülenversuches.

Fig. 2. Abszisse-Zeit: Ordinate-Calorien.

des Schrotes schnellt die Wärmeproduktion mächtig in die Höhe, um dann in bogenförmigem Abfall zum relativen Nüchternwert zurückzukehren, ganz so, wie es auch bei Dahm in seiner Kurve bei Schrotfütterung zum Ausdruck kommt.

Beim Vergleich des auf 24 Stunden berechneten Kanülenversuchs vom 7. III. mit dem Regnault-Reiset-Versuch vom 28. auf den 29. II. muß ich (da die Kanülenversuche sich alle auf das stehende Tier beziehen) im Regnault-Reiset-Versuch die Steigerung der Wärmeproduktion, bedingt durch Kauen und Wiederkauen, und die Verringerung derselben durch das Liegen in Rechnung setzen, so daß also die Werte des Regnault-Reiset-Versuchs sich dann ebenfalls auf das stehende und nicht kauende Tier beziehen. Aus dem Versuchsprotokoll des Regnault-Reiset-Versuchs habe ich die notierten Zeiten für Kauen, Wiederkauen und Liegen zusammengestellt und finde 136 Kauminuten, 236 Wiederkauminuten und 407 Liegeminuten. Der Mehraufwand berechnet sich aus meinen früheren Versuchen für das Kauen auf 7,3 cal, für das Wiederkauen auf 3,6 cal pro Minute und 1 kg. Daraus berechnet sich der Mehraufwand im ganzen auf $(136 \cdot 7{,}3 + 236 \cdot 3{,}6)\,\mathrm{cal} = 1842$ cal pro 1 kg. Für das Liegen beträgt die Verminderung des Arbeitsaufwandes im

Mittel 4,07 cal. Bei 407 Minuten also 1656 cal pro 1 kg Tier. Wir haben folglich im Regnault-Reiset-Versuch einen Mehrverbrauch von 1842 minus 1656 = 186 cal pro kg oder 117 Cal für das 630 kg wiegende Tier; das entspricht einem Verbrauch von 34,2 g Sauerstoff. Es lassen sich also die gewonnenen Werte des Regnault-Reiset-Versuchs mit dieser kleinen Korrektur auf das stehende Tier beziehen. Bei der Wichtigkeit dieses Vergleichsversuchs und um ein Beispiel zu geben für die Berechnung derartiger Versuche lasse ich hier das Originalprotokoll folgen.

Kasten-Respirationsversuch am Ochsen „Anton"
am 28./29. II. 1912.

Futterration: 7 kg Heu, 2,0 kg Schrot, 25 kg Rüben.

	Gasanalysen über Wasser aus dem Luftstrom hinter dem Absorptionsturm			Gasanalysen über Quecksilber aus dem Luftstrom vor dem Absorptionsturm				Bombensauerstoffzusammensetzung		
	CO_2	O_2	N_2+CH_4	CO_2	CH_4	H	Contraction	CO_2	O_2	N_2
Zu Beginn {	0,05	20,57	79,38	0,093	0,061	0,004	0,129			
	0,05	20,57	79,38	0,093	0,060	0,005	0,129			
Mittel	0,05	20,57	79,38							
Am Schluß {	1,21	16,45	82,35	1,234	0,466	0,013	0,953			
	1,22	16,44	82,34	1,236	0,466	0,018	0,950			
	1,20	16,46	82,34							
Mittel	1,21	16,45	82,34							

Temperatur- und Barometerablesungen.

	Zu Beginn					Am Schluß				
	vor Absorptionsturm		hinter Absorptionsturm		Bar.	vor Absorptionsturm		hinter Absorptionsturm		Bar.
	Erdgeschoß		Keller			Erdgeschoß		Keller		
	tr.	f.	tr.	f.		tr.	f.	tr.	f.	
	19,0	16,2	17,38	15,53	759,2	21,12	18,82	18,64	17,67	761,5
Psychrometr. Diff. .	2,8		1,85			2,3		0,97		
Korr. Temp., $^1/_{28}$ der Differenz., Erdg. u. Keller	18,94					21,03				
Korr. psych. Diff. .	2,77					2,25				
W.D.T.	12,2				12,2	14,7				14,7
Bar. — W.D.T. . .					747,0					746,8

Kasteninhalt . . . . 87,0 cbm
Einbauten . . . —
Tiervol. 0,637
Laugevol. . . . 0,080
    zusammen . . 0,717
Luftinhalt zu Beginn . . . . 86,283 cbm

Temp. 18,94° . . . . log 09002
Bar. 747 mm . . . . „ 87332
Red.-Fakt. . . . . log 96334
Luftinhalt . . . . „ 93592
Red. Vol. . . . . log 89926 = 79,3 cbm

	CO_2 0,08%	O_2 20,54%	N_2 ohne CH_4 79,315%	CH_4 0,06%	H 0,004%
log Vol. .	89926	89926	89926	89926	
log CO_2% .	90309	31260	89935	77815	
log	80235	21186	79861	67741	

= 63,41 CO_2 16,288 cbm O_2 62,894 cbm N_2 47,61 CH_4 3,161 H

Menge und Zusammensetzung der eingelassenen Luft:

2536 l Luft eingelassen

log 40415
log Red.-Fakt. . . . 96334
log red. Vol. . . . 36749   log red. Vol. . . . 36749
log 20,9% O_2 . . 32015   log 79,1% N_2 . . 89818
log O_2 l 68764   log N_2 l 26567
     = 487 l O_2 = 1843 l N_2

Menge und Zusammensetzung der ausgesaugten Luft:

am Schluß 271 l ausgesaugt

log 43297
log Red.-Fakt. 96011
log red. Vol. 39308;

daraus berechnen sich unter Zugrundelegung der Schlußanalyse:
3,22 l CO_2, 40,57 l O_2, 202,2 l N_2, 1,17 l CH_4.

1. O_2 mit Außenluft eingelassen = (487 — 40,57) l = 446,43 l.
2. N_2 „ „ „ = (1843 — 202) l = 1641 l.
3. Herausgesaugt 3,22 l CO_2.
4. „ 1,17 l CH_4.

Anfangsluft im Kasten . . 86,283 cbm
Futter . . . . 38 l
Tränkwasser . . . . . 5 l
    zusammen . . 0,043 cbm
Luftinhalt am Schluß . . 86,240 cbm

Temp. 21,03° . . . . . = log 08691
Bar. 746,8 mm . . . . . = „ 87320
Red.-Fakt. . . . . log 96011
Luftinhalt . . . . „ 93571
Red. Vol. . . . . log 89582 = 78,67 cbm

	CO_2	O_2	N_2 ohne CH_4	H	CH_4
	1,23 %	16,43 %	81,756 %	0,016 %	0,466 %
log red. Vol.	89 582	89 582	89 582	89 582	89 582
log CO_2 % .	08 991	21 564	91 305	20 412	66 839
log	98 573	11 146	80 887	09 994	56 421

9681 CO_2 12,926 cbm O_2 64,40 cbm N   12,51 H   366,621 CH_4

O_2-Verbrauch:

Sauerstoff im Kasten anfangs	16,288 cbm
„ „ „ am Ende	12,926 „
Aus dem Kastenvorrat verbraucht	3,362
mit Außenluft eingelassen	446
durch Futter- und Menschenschleuse eingedrungen .	23
aus der Sauerstoffbombe	—
Gesamt . .	3831
gemäß N-Bilanz ausgetreten	24
O_2-Verbrauch in 1471 Min. . . . . =	3807 l

Sauerstoffverbrauch in 24 Std. = 3727 l

CH_4-Anreicherung im Kasten	319,0 l
CH_4 ausgeschleust $\left\{\begin{array}{c}3,17\\1,17\end{array}\right\}$	4,3 l
CH_4 gebildet	323,3 l

Methanbildung in 24 Std. = 316,5 l

H mehr im Kasten am Schluß	9,34 l

Wasserstoffbildung in 24 Std. = 9,14 l

N-Bilanz:

Endmenge	64,400
Anfangsmenge	62,894
Anreicherung	1,506 cbm
mit Außenluft hineingeschickt	1,641 „
Verlust	135 l
durch die Schleusungen herausgeholt	40 l
an N_2 ausgetreten	95 l
damit . . . . O_2	24 l

CO_2-Berechnung:

aus Lauge	3145,4 l
Anreicherung im Kasten	904,6 l
ausgeschleust (3,2 + 1,1 l)	4,3 l
CO_2-Produktion	4054,3 l
vom eingeschleusten Menschen stammen $2 \times 1,4$ l .	2,8 l
also in 1471 Min. produziert	4051,5 l

Kohlensäureproduktion in 24 Std. = 3966 l

R.Q. = 1,064.

Futtereinschleusung 80 l, wovon Vol. des Futters abzuziehen.

I. Schleusung 1^{30}.

Heraus 80 l, red. 73,5 l mit 20,2% O_2, 79,52% N_2, 0,094% CH_4
hinein 72 l, red. 66 l mit 20,9% O_2, 79,1 % N_2,

    Also:

Heraus . . . . 14,85 l O_2,   58,44 l N_2,   0,069 l CH_4
hinein . . . . 13,79 l O_2,   52,20 l N_2,

Heraus . . . . + 1,06 l O_2, + 6,24 l N_2, + 0,069 l CH_4

    4. Schleusung 8^{44} morgens.

Heraus 80 l, red. 73 l mit 16,94% O_2, 81,53% N_2, 0,415% CH_4
hinein 72 l, red. 68 l mit 20,90% O_2, 79,10% N_2

    Also:

Heraus . . . . 12,37 l O_2,   59,52 l N_2,   0,30 l CH_4
hinein . . . . 14,20 l O_2,   53,79 l N_2,

    — 1,83 l O_2, + 5,73 l N_2, + 0,30 l CH_4

    1. Menschenschleusung, 760 l — 75 l Mensch = 685 l Inhalt.

Heraus 685 l,$\}$ red. 629 l $\{$mit 20,49% O_2, 79,44% N_2, 0,069% CH_4
hinein 685 l,$\}$ $\{$mit 20,90% O_2, 79,07% N_2

    Also:

Heraus . . . . 129,0 l O_2,   500,1 l N_2,   0,434 l CH_4
hinein . . . . 131,5 l O_2,   497,8 l N_2,

    — 2,5 l O_2, + 2,3 l N_2, + 0,434 l CH_4

    2. Menschenschleusung.

Heraus 690 l, red. 632 l mit 17,97% O_2, 81,25% N_2, 0,309% CH_4

    Also:

Heraus . . . . 113,5 l O_2,   513,5 l N_2,   1,94 l CH_4
hinein . . . . 132,1 l O_2,   499,5 l N_2,

    — 18,6 l O_2, + 14,0 l N_2, + 1,94 l CH_4

    2. und 3. Futterschleusung nach dem Zeitverhältnis geschätzt.

    Zusammenstellung.

1. Schleusung heraus + 1,06 l O_2, + 6,24 l N, + 0,07 l CH_4
2.   „   „ + 0,40 l O_2, + 6,10 l N, + 0,12 l CH_4
3.   „   „ — 1,75 l O_2, + 5,75 l N, + 0,30 l CH_4, + 0,50 l CO
4.   „   „ — 1,83 l O_2, + 5,73 l N, + 0,30 l CH_4, + 0,58 l CO

    Sa. heraus . . — 2,12 l O_2, + 23,82 l N, + 0,79 l CH_4, + 1,10 l CO

bei 2 Menschen-
  schleusungen heraus — 21,10 l O_2, + 16,00 l N, + 2,38 l CH_4,

    gesamt . . . — 23,20 l O_2, + 39,80 l N, + 3,17 l CH_4, + 1,10 l CO

In diesem Versuch wurde kein Sauerstoff zugeführt. Ma
sieht, daß trotz des hohen Verbrauchs der O_2-Gehalt des Ga
gemisches am Schluß mit 16,43% innerhalb der physiologische
Grenzen bleibt. In den meisten Versuchen haben wir aber an Stell
des Einströmens von Luft zur Ergänzung der Volumabnahm

Sauerstoff aus einer Bombe zugeführt. Von der Bombe wurde stets eine Probe zur Analyse genommen und die eingeströmte Menge durch Vergleich des Anfangs- und Endgewichtes bestimmt. Um die eingetretene Sauerstoffmenge in Litern zu kennen, mußte die analytisch gefundene Zusammensetzung des Bombengases zunächst in Gewichtsprozente umgerechnet werden und dann aus dem so ermittelten Gewicht des eingetretenen Sauerstoffs und Stickstoffs ihr Volumen berechnet werden.

Von den Kanülen-Respirationsversuchen nehme ich die Werte, so wie sie bei den Versuchen an dem ruhig stehenden Tier ausgefallen sind, ausgenommen den Wiederkauversuch 70, dessen Einbeziehung das Resultat gefälscht hätte, weil, wie ausgeführt, das Liegen allein die Arbeit des Kauens- und Wiederkauens mehr als ausgeglichen hat. Die Zusammenstellung der Resultate ergibt (siehe Generaltabelle B S. 32):

Sauerstoffverbrauch pro Min. ccm	Kohlensäureproduktion pro Min. ccm
2395	2095 (Mittel der 2 Nüchternversuche)
2541	2301
2593	2419
2693	2417
2670	2430
2971	2630
2656	2347
2455	2164
2622 im Mittel	2350 im Mittel

auf 24 Stunden und durchschnittlich 630 kg Körpergewicht berechnet:

$$3776 \text{ l } O_2 \qquad 3384 \text{ l } CO_2$$

Der R.-R.-Versuch in 24 Stunden:

$$3727 \text{ l } O_2 \qquad 3966 \text{ l } CO_2$$

und

$$315{,}4 \text{ l } CH_4 \qquad 9{,}24 \text{ l } H.$$

Beide Methoden führen also in bezug auf den Sauerstoffverbrauch zu einem innerhalb der Fehlergrenzen $(1{,}3 \, ^0/_0)$ gleichen Resultat. Es muß vorerst noch — bis für die verschiedensten Futtermittel und Futterkombinationen die Verdauungskurven genau bestimmt sind — bei Anwendung der Kanülen-

Methode beim Wiederkäuer zur Berechnung des Tagesumsatzes die Feststellung der 24stündigen Verdauungskurve verlangt werden. Aus Versuchsreihen mit verschieden zusammengesetztem Futterregime, wenn in 24 Stunden nur 2 bis 3 Kanülenversuche angestellt werden, Schlüsse auf die Stoffwechselbilanz ziehen zu wollen, ist vorläufig nicht zulässig.

Bei der schönen Übereinstimmung der Sauerstoffwerte springt die große Differenz in der Kohlensäureausscheidung in die Augen. Das Plus an Kohlensäure in dem R.-R.-Versuch entstammt der Gärkohlensäure, die bei den Zersetzungsvorgängen im Pansen, Dick- und Blinddarm neben Methan- und Wasserstoff entstanden ist, von der aber auch noch ein Teil resorbiert und durch die Lungen ausgeschieden wird.

V. Trennung der Lungenatmung von der Gasausscheidung durch Darm und Haut

Um die Menge der per rumen et per rectum bei den Wiederkäuern entweichenden Kohlensäure- und Methanmengen zu bestimmen, kombinierte ich die Zuntzsche mit der R.-R.-Methode in ähnlicher Weise wie Zuntz, Lehmann, Hagemann bei den Pferdeversuchen die erstere mit der Pettenkofer-Methode kombiniert hatten. Das Tier stand im geschlossenen Apparat, atmete aber mit Hilfe der Tamponkanüle durch die außerhalb des Kastens stehende Gasuhr. Die Inspirationsluft wurde ebenfalls von außen bezogen. Die Ergebnisse der Gasuhrversuche sind in Tabelle XVI S. 62 zusammengestellt. Es wurde nun am Beginn und am Ende eines Versuchs aus der Kastenluft eine Luftprobe genommen und deren Gehalt an CO_2 und CH_4 bestimmt. Der Zuwachs an Kohlensäure entspricht dann der entwichenen Gärkohlensäure, vermehrt durch die geringe Ausscheidung durch die Haut. Das Futter setzte sich aus 7 kg Heu und 2,34 kg Trockenschlempe zusammen. Das Körpergewicht betrug durchschnittlich 550 bis 554 kg.[1]

---

[1] Vgl. Landw. Jahrb. **1913**, 774, Periode IV.

	Thermometer		Baromet.	CO_2	CH_4	Dauer
	trocken	feucht				

27. VI. 1911.

Beginn .	19,2	15,2	763,7	0,116	0,015	11^5—1^{10}
Ende . .	17,8	16,7		0,161	0,030	

in 24^h 393,3 l CO_2 und 144 l CH_4.

4. VII. 1911. 550 kg.

Beginn .	17,2	13,45	770,7	0,110	—	9^{52}—12^5
Ende . .	18,7	14,80		0,155	—	

in 24^h 379 l CO_2.

13. VII. 1911. 550 kg.

Beginn .	21,65	18,10	766,1	0,087	0,013	10^{25}—12^{24}
Ende . .	21,75	18,75		0,132	0,030	
				0,045	0,017	

berechnet auf 24^h 411,4 l CO_2 und 157,3 l CH_4.

	CO_2	CH_4
Im Mittel also	393,3	
394,5 l CO_2	379,0	144,0
150,6 l CH_4	411,4	157,3
	1183,7	301,3

gegen 250,0 l CH_4 im 24 stündigen Respirationsversuch.
Die Gesamt-Kohlensäureausscheidung betrug

$$3193,5 \text{ l bei } 2972 \text{ l } O_2$$
$$394,5 \text{ l Kohlensäure in Haut- und Darmatmung.}$$
$$2799,0 \text{ l } CO_2 \text{ durch die Lungen.}$$

Aus dem Befunde von 250 l CH_4 im 24 stündigen R.-R.-Versuch[1]) gegenüber nur 150,6 l in der Haut- und Darmausscheidung dürfen wir nicht schließen, daß annähernd 100 l CH_4 nach erfolgter Resorption durch die Lungen ausgeschieden seien. Die in Kap. VI beschriebenen Pettenkofer-Versuche, speziell der vom 18. X. 1910, Tab. XXI, und neuere, noch nicht veröffentlichte Versuche haben in Harmonie mit den Studien über den Verlauf der Pansengärung außerhalb des Körpers gezeigt, daß die Methanausscheidung nicht gleichmäßig über den Tag verteilt ist. Sie steigt in den nächsten Stunden nach Aufnahme von Rauhfutter, mehr noch von leicht löslichen Kohlenhydraten stark an, um dann auf einen relativ niedrigen Wert zu sinken. Auch dürften sich zeitweise, besonders bei ruhigem Liegen, größere Mengen im Pansen ansammeln, die dann beim Wiederkauen entleert werden.

---

[1]) Siehe Landw. Jahrb. **1913**, 804.

Tabelle XVI.

Kanülenversuche im Juni und Juli 1911, wobei gleichzeitig Haut- und Darmatmung gemessen wurde.

| Versuchs-Nr. | Datum | Versuchs-dauer | Atemvol. in Litern | Thermo-Baromet. | Atemzüge | Tagesfutter: 7 kg Heu, 2,84 kg getrocknete Kartoffelschlempe | | | | | | | | | | | | Versuchsphase und Bemerkungen |
| | | | | | | Analysen des Atemgases | | | O_2 Dif. | CO_2-Aussch. ccm | | O_2-Verbr. ccm | | R.Q. | cal | | Körpergew. in kg | |
						CO_2	O_2	N		pro Tier u. Min.	pro kg u. Min.	pro Tier u. Min.	pro kg u. Min.		pro Tier u. Min.	pro kg u. Min.		
1	27.VI.	11^{20}—11^{58}	56,3	109,35	24	3,86	16,58	79,58	4,42	1972,0	3,558	2275,5	4,175	0,8666	11 219	20,250	554,0	3^h nach Morgenfutter bestehend aus 3 kg Heu u. 700 g Trockenschlempe
2	4.VII.	10^{05}—10^{43}	54,8	107,12	18	3,89	16,48	79,63	4,54	1975,0	3,591	2322,2	4,222	0,8555	11 425	20,775	550,0	2^h nach d. Morgenfutter wie vorstehend
3	11.	12^{25}—12^{42}	61,9	110,50	20	3,52	16,48	80,00	4,64	1955,0	3,535	2599,0	4,700	0,7640	12 580	22,750	553,0	Fängt an, 2,5 kg Heu u. 800 g Schlempe zu verzehren
4	11.	12^{51}— 1^{15}	71,5	111,00	nicht gezählt	4,20	15,79	80,01	5,33	2686,5	4,857	3433,0	6,208	0,7820	16 685	31,730	553,0	Fortsetzung des vorigen Versuchs während der Futteraufnahme
5	13.	11^{04}—11^{24}	64,7	110,80	26	3,29	16,86	79,85	4,25	1908,0	3,469	2481,7	4,511	0,7660	12 090	21,980	550,0	Fängt während des Versuchs an, wiederzukauen
6	13.	12^{06}—12^{20}	70,0	110,90	20	3,41	17,08	79,51	3,91	2140,0	3,825	2468,2	3,910	0,8670	12 167	22,120	550,0	Gegen Ende etliche Hustenstöße, sonst Atmung sehr gleichmäßig

In den Landw. Jahrbüchern 1913, 816 veröffentlichten Versuchen bleiben nach Abzug des Brennwertes für Kot, Harn, Methan Protein- und Fettansatz vom Brennwert der Nahrung für Wärmebildung 13 901 Cal übrig.

Also pro Minute $\frac{13\,901}{1440} = 9{,}650$ Cal.

Die beiden ersten in obiger Tabelle angegebenen Werte mit 11,3 Cal pro Tier und Minute beziehen sich auf das in Verdauung befindliche Tier.

Die Steigerung gegenüber 9650, dem Wert aus dem 24stündigen R.-R.-Versuch, wo alle Phasen gemischt auftreten, beträgt 17%.

Die Steigerung, die durch die Verdauung hervorgerufen wird, verglichen mit dem Zustand der Nüchternheit, beträgt 23 bis 24% (Kanülenversuche Kap. II).

Wir finden also auf den zwei verschiedenen Wegen Werte, die miteinander gut übereinstimmen.

Die höheren Werte von Versuch 5 und 6 sind durch zeitweises Wiederkauen, bzw. durch Husten bedingt.

Versuch 3 und 4 sind Freßversuche mit entsprechend hohem Verbrauch.

Ähnliches gilt natürlich für die Gärungskohlensäure, von der freilich entsprechend ihrem höheren Diffusionskoeffizienten viel größere Mengen ins Blut gelangen und durch die Lungen ausgeschieden werden. Der aus den Darmpforten in 24 Stunden entleerte Anteil dürfte in diesem Falle im Verhältnis $\dfrac{250,0}{150,6}$ höher sein als der in den drei Versuchen gefundene Wert. Dieser ist also von 394,5 auf 654,8 l pro 24 Stunden zu erhöhen und beträgt 20,5 % der ganzen ausgeschiedenen Kohlensäure. Durch die Lungen wären also nur 2538,7 l CO_2 ausgeschieden, das sind 1,763 l pro Minute, ein Wert, der ebenso wie die Wärmeproduktion niedriger ist als die Ergebnisse der Kanülenversuche Tabelle XVI, die aber auch sämtlich auf der Höhe der Verdauung und zum Teil während des Wiederkauens ausgeführt sind.

VI. Vergleich des von Tigerstedt modifizierten Pettenkofer-Prinzips mit dem Regnault-Reiset-Verfahren.

Versuche im April 1910 und September, Oktober, November 1910.

Der große Respirationsapparat ist auch zur Anstellung von Pettenkofer-Versuchen eingerichtet. Dazu dient eine neben dem Apparat stehende, als Schöpfrad wirkende Gasuhr mit einer maximalen Saugleistung von 72 cbm pro Stunde. Während die Absaugung durch ein in einer oberen Ecke angebrachtes Rohr vor sich geht, strömt durch ein in der entgegengesetzten Ecke angebrachtes Rohr Außenluft nach. Zur besseren Verteilung der eintretenden und austretenden Luft münden die Ventilationsröhren in je einen die ganze Schmalseite einnehmenden Holzkasten, in dem mit Schiebern versehene Öffnungen angebracht sind, die für ein gleichmäßiges Ein- und Absaugen der Luft im ganzen Querschnitt sorgen. Der Laugenturm, der nur für die R.-R.-Versuche dient, wird durch zwei Schieberventile abgeschlossen. Um die Luft während des Versuchs im Apparat gut durchmischen zu können, kann neben den beiden im Innern angebrachten Ventilatoren auch das Gebläse benutzt werden, da der Turm durch eine Umführungsleitung umgangen werden kann. Im Anfang dieser Umführungsleitung und im

Saugrohr, kurz vor Einmündung in die Gasuhr, dienen je ein trockenes und ein feuchtes Thermometer zur Bestimmung der Temperatur und der Wasserdampfspannung. Die Gasprobe wird aus dem Saugstrom genommen und über Quecksilber aufgefangen. Auch der CO_2-Gehalt der eingesaugten Luft wird bestimmt. Im Verlauf zahlreicher Luftanalysen hatte sich nämlich gezeigt, daß bei nebligem Wetter, bei wenig bewegter Luft und bedecktem Himmel — Tage, wie sie besonders im Spätherbst öfters vorkommen — der CO_2-Gehalt bis $0,10\,\%$ in der Berliner Luft, speziell im Norden, wo zahlreiche Fabriken, große Bahnhöfe und der wiederbegonnene Hausbrand große Mengen Kohlensäure mit den Verbrennungsgasen besonders am Tage an die Atmosphäre abgeben.

An hellen, klaren, windbewegten Tagen, zumal bei vorherrschenden Ost- und Westwinden, zeigt die Atmosphäre auch hier den normalen Gehalt von $0,04\,\%$.

Die Größe der vom Tier ausgeschiedenen Kohlensäuremenge wurde folgendermaßen berechnet: Im Verlaufe von je 2 Stunden, manchmal auch in kürzeren oder längeren Zwischenräumen, wird eine Stichprobe entnommen, zu gleicher Zeit eine genaue Ablesung der durch die Gasuhr ventilierten Luftmenge vorgenommen. Aus dem Mittel des CO_2-Gehalts zweier Proben, der Ventilationsgröße, dem CO_2-Gehalt der eintretenden Luft und aus der Anreicherung oder Abnahme der Kastenluft an CO_2 kann die CO_2-Produktion berechnet werden. Auf diese Weise läßt sich die CO_2-Ausscheidung in den einzelnen Perioden und im 24 Stundenwert berechnen. Hierdurch gewinnt man einen Einblick in den Ablauf der Stoffwechselsteigerung durch die Futteraufnahme. Nun gibt diese Methode nur dann absolut genaue Werte, wenn die CO_2-Ausscheidung entweder vollständig gleichmäßig vor sich geht, wie bei einem ruhenden, nüchternen Menschen, oder ihre Kurve wenigstens keine unregelmäßigen Zacken zeigt, wie z. B. bei einem ruhenden, in der Verdauung begriffenen Menschen. Aus den Kanülenversuchen geht nun hervor, daß diese Voraussetzung für gewöhnlich beim Wiederkäuer — wo nur längere Zeit nach der Futteraufnahme eine gewisse Gleichmäßigkeit in der CO_2-Ausscheidung durch die Lungen einzutreten scheint — nicht zutrifft. Angenommen, ich habe eben eine Stichprobe entnommen, das Tier kaut von

Tabelle XVII.

Pettenkofer-Versuch am 7. IV. 1910.
Tagesfutter: 8 kg Heu, 1 kg Schrot, 1kg Leinkuchen.
Tiergewicht morgens: 427 kg.
Inhalt des Apparates nach Abzug für Turm und die abgesperrten
Leitungen 84 cbm.

1	2	3	4	5	6	7	8	9	10	11	12
Zeit	Stand der Gasuhr	Kastenmanometer	Thermo-Barometer	Temp. im Kasten $^\circ$ C	Barometer	Nr.	Petterson-Analysen CO_2 %	CO_2-Produktion in den Versuchsmin.	CO_2-Produktion pro 60 Minuten	CO_2-Produktion Zeit	Bemerkungen
11^{05}	4671,78	— 8	15,2	16,7	752,92	I	0,10	116,59	116,59	11^{05}—12^{05}	
11^{46}	4702,12	— 9	16,8	17,1	—		—		105,35	12^{05}—1^{05}	
12^{05}	4714,65	— 9	17,2	17,15	753,34	II	0,207	105,35	116,3	1^{05}—2^{05}	
12^{36}	4735,55	— 9	17,8	17,3	—		—		150,65	2^{05}—3^{05}	1—1^{40} Heufütterung ca. 8 kg.
1^{05}	4756,5	— 9	17,3	17,4	753,16	III	0,254 / 0,252				
2^{10}	4807,12	— 9	19,3	17,4	753,23	IV	0,300 / 0,309	120,6	159,1	3^{05}—4^{05}	2^{47} Wasser, 2^{55} 1 kg Schrot und 2 kg Heu (frißt nicht) eingeschleust.
3^{11}	4849,1	— 9	21,1	17,8	753,33	V	0,355 / 0,357	150,65	159,1	4^{05}—5^{05}	
3^{45}	4874,8	—	—	—	—		—	352,9	171,2	5^{05}—6^{05}	Tier frißt von 4 Uhr ab und hat bis 5^{05} Schrot und Heu ausgefressen.
4^{45}	4917,2	— 9	21,6	18,0	—		—		133,2	6^{05}—7^{05}	
5^{25}	4945,4	— 9	21,8	18,4	753,64	VI	0,423 / 0,416		133,3	7^{05}—8^{05}	5^{20} 1 kg Leinkuchen u. 3 kg Heu frißt einen Teil davon, den Rest abends nach 8 Uhr.
6^{17}	4983,92	— 9	21,2	18,4	—		—	184,3	157,9	8^{05}—9^{05}	
6^{30}	4993,35	— 9	22,4	18,6	753,74	VII	0,453 / 0,454		157,9	9^{05}—10^{05}	Bulle liegt und kaut wieder. 6^{30}—8^{00}.
6^{33}	4995,32	— 9	22,4	18,6	—		—	210,5			
8^{05}	5050,12	— 9	22,4	18,8	754,23	VIII	0,455 / 0,447		—		8^{00} steht auf und beginnt zu fressen (frißt von 8^{05}—8^{20}).
10^{05}	5177,00	— 9	24,2	20	755,22	XI	0,475 / 0,480	315,9	—		

diesem Moment ab intensiv ca. 30 Minuten lang, ich nehme die
zweite Probe nach 60 Minuten. Hat nun die Gasuhr 40 cbm
bei einem Gesamtinhalt des Kastens von 80 cbm ventiliert, so
ist die durch das Wiederkauen bedingte Steigerung der CO_2-
Anhäufung im Kasten bereits zu einem Viertel, würde die Gasuhr
80 cbm ventilieren — die Möglichkeit besitzen wir auch —, so
wäre sie bereits bis zur Hälfte abgeklungen. Das gleiche gilt
auch für den Wechsel zwischen Liegen, Stehen, Kauen und abso-
luter Ruhe, wo die Unterschiede in den einzelnen Phasen noch
stärker sind. Wir schlugen deshalb einen anderen Weg für die

Tabelle XVIII.

Pettenkofer-Versuch am 9. IV. 1910.

Tagesfutter: 8 kg Heu, 1 kg Schrot, 1 kg Leinkuchen.

Tiergewicht morgens: 428 kg.

1	2	3	4	5	6	7	8	9	10
Zeit	Stand der Gasuhr	Kasten-Manometer	Thermo-Barometer	Kasten-temp. $^{\circ}$ C	Baro-meter	Nr.	Petterson-Analysen $\%$ CO_2	Gesamt-CO_2 pro Stunde	Bemerkungen
7^{10}	5159,42	— 5	15,0	17,5	753,44	I	$\frac{0,070}{0,074}$		
7^{38}	5183,35	—	—	—					
8^{00}	5198,53	— 7	18,4	17,65				116,12	
8^{05}	5202,12	— 7	—	—	753,27	II	$\frac{0,181}{0,181}$		
9^{05}	5245,68	— 7	19,5	17,9	752,85	III	$\frac{0,260}{0,259}$		
10^{05}	5290,0	— 9	22,5	18,3	753,6	IV	$\frac{0,331}{0,332}$	110,7	9^{12} bekommt der Bulle ca. 3 kg Heu.
11^{05}	5332,23	— 9	22,8	18,5	753,13	V	$\frac{0,362}{0,360}$	158,79	12,5 kg Wasser.
12^{05}	5375,73	— 9	23,4	18,55	753,13	VI	$\frac{0,410}{0,409}$	140,51	11^{05} 3 kg Heu, 1 kg Schrot.
1^{05}	5420,68	— 9	24,0	18,8	753,08	VII	0,4475	170,2	
2^{00}	5459,9	— 9	un-meßbar	19,0	752,77			184,95	
2^{05}	5463,52	— 9	—	19,3		VIII	0,450	159,5	2^{00} der Bulle kaut wieder.
3^{05}	5501,28	— 9	26,4	19,5	752,3	IX	$\frac{0,457}{0,462}$	148,03	
3^{25} bis 3^{35}	Motor-defekt	—	—	—					
4^{24}	5557,98	— 8	26,4	19,9				150,6	
5^{00}	5583,78	— 9	25,4	18,7	751,93	X	$\frac{0,450}{0,447}$	(301,13)	
5^{25}	5601,85	— 9	—	—				150,5	Der Bulle frißt wieder.
5^{26}	5602,60	— 9	—	—				170,6	6^{15} 1 kg Leinsamen, 2 kg Heu.
7^{05}	5667,52	— 9	26,6	19,2	750,8	XI	$\frac{0,486}{0,486}$	(351,3) 170,6	Frißt am Schluß des Versuchs.

Probeentnahme ein. Unsere Gasuhr ventiliert in der Zeiteinheit wegen der Gleichmäßigkeit im Gange des Elektromotors gleich große Mengen. Um nun aus dem Saugstrom eine der Zeit proportionale Menge in einem Sammelgefäß aufzufangen, bedienten wir uns einer Pendeluhr, an deren sich gleichmäßig senkendem Gewicht die mit der Sammelröhre durch einen Druckschlauch verbundene Auslaufspitze angebracht ist. Zwischen dem Ab-

Tabelle XIX. Pettenkofer-Versuch am 14. IV. 1910.
Tagesfutter: 8 kg Heu, 2 kg Schrot. Tiergewicht morgens: 432 kg.

Zeit	Stand der Gasuhr	Mano-meter	Thermo-Baro-meter	Kasten-temp. °C	Baro-meter	Nr.	Petterson-Analyse % CO_2	Gesamt-CO_2 Liter	CO_2 pro Stunde	Kontinuierl. Probe	CO_2 der kontin. Probe %	Bemerkungen
7¹⁰	688,05	− 8	20,2	17,2	746,35	I	0,052 / 0,052					
8³⁷	750,22	− 10	24,5	17,7	—		—	223,35	111,67			Von 9⁰⁰ bis 10⁰⁰ 3 kg Heufütterung und ¹/₂ kg Schrot.
9¹⁰	776,02	− 10	25,3	18,1	746,78	II	0,241 / 0,244				0,381 Kastenluft − 0,040 Außenluft / 0,341	
10¹⁰	822,3	− 11	un-meßbar	18,4	746,60	III	0,342 / 0,351	174,3	174,3	Beginn 10¹⁰		10¹⁰ Beginn der Luftentnahme mit der großen Sammelröhre.
12¹⁰	915,45	− 11	11	19,1	746,26	IV	0,369 / 0,366	291,9	145,95			
1¹⁰	946,65	− 11	11	19,3	—		—					
1⁵⁷	981,55	—	—	—	—							1¹⁷ 7,15 kg Wasser, 1 kg Schrot, 2 kg Heu.
1⁵⁸	982,27	—	—	—	—			317,72	158,86			
1⁵⁹	983,0	—	—	—	—							
2⁰⁰	983,74	—	—	—	745,97		—					
2⁰⁷	989,6	− 12	11	19,4	—	V	0,420 / 0,426			Gesamt-CO_2 1634,5 l in 11 Std.		2¹⁵ Bulle kaut wieder.
4⁰⁰	1071,37	− 12	11	19,8	745,55		—	313,88	156,94			
4⁰¹	1072,13	—	—	—	—		—					
4⁰²	1072,86	—	—	—	—		—					
4⁰³	1073,6	—	—	—	—		—					
4⁰⁴	1074,32	—	—	—	—		—	316,73	158,36			
4⁰⁵	—	—	—	—	—	VI	0,440 / 0,437					
4⁵⁵	1115,72	− 12	11	19,9	—		—					5,8 kg Wasser, dann Heu und Schrotrest (¹/₂ kg). Diese Portion wird erst zwischen 6³⁰ und dem Ende des Versuchs langsam aus-gefressen.
5⁰⁸	1121,13	− 12	11	19,8	—		—					
6⁰¹	1159,0	− 12	11	20,0	745,53		—					
6⁰⁷	1164,98	−12,5	11	20,0	—		—					
6¹³	1169,2	−12,5	11	20,2	—	VII	0,447 / 0,444					
7²⁵	1223,15	− 12	11	20,3	—	VIII	0,480 / 0,506 (nicht geschüttelt)	496,16	165,39			Der Bulle frißt wieder.
8¹⁰	1252,53	− 12	11	20,3	—							
9¹⁰	1296,05	− 12	11	20,4	745,53	IX	0,465 / 0,465			Ende 9¹⁰		Von 8 kg Heu ca. 2 kg nicht ge-fressen.

Mittel aus den Stichproben von 10¹⁰ bis 9¹⁰ . . | $0,4186\% - 0,04 = 0,3786\%$ $= 1710$ l

Tabelle XX. Pettenkofer-Versuch am 28. IV. 1910.

Tagesfutter: 8 kg Heu, 2 kg Schrot.   Tiergewicht morgens: 445,4 kg.

Zeit	Stand der Gasuhr	Mano-meter	Kasten-temp. °C	Thermo-Baro-meter	Baro-meter	Nr.	Petterson-Analyse %/₀ CO₂	Gesamt-CO₂ der Periode Liter	CO₂ pro Stunde	Kontinuierl. Probe insgesamt	CO₂ der kontin. Probe %/₀	Bemerkungen
7[20]	6334,55	− 4	14,4	—	760,98	I	0,103 / 0,099		128,33			
7[50]	6352,07	− 4	15,0	—	—		—	256,67				
8[42]	6389,9	− 6	15,3	—	—		—					
9[20]	6416,5	− 7	15,5	—	760,96	II	0,283 / 0,285		128,33			
10[20]	6460,8	− 9	16,0	—	760,98	III	0,278 / 0,275	110,38	110,38	Beginn 10[20]		Beginn der Fütterung mit 1 kg Heu 10[00].
11[06]	6493,1	− 10	16,2	—	—		—		131,91			
12[20]	6546,8	− 11	16,6	—	760,41	IV	0,359 / 0,358	263,82	131,91			Bekommt 2 kg Heu und 4 kg Wasser 12[00].
1[20]	6591,4	− 11	16,6	—	760,14	V	0,396 / 0,403	170,20	170,20			
2[20]	6630,0	− 11	16,7	—	759,18	VI	0,379 / 0,379	123,75	123,75			
3[20]	6676,1	− 11	16,7	—	760,24	VII	0,353 / 0,361	121,86	121,86	Gesamt-menge 1743,73 l	0,377%/₀ −0,040 — 0,337%/₀	Von 4[00] ab kaut der Bulle wieder.
4[20]	6717,55	− 11	16,7	—	758,83	VIII	0,358 / 0,356	120,74	120,74			
4[23]	6917,8	− 11	16,7	—	—	IX	—					
4[24]	6720,55	− 11	16,7	—	—		—					
5[20]	6763,4	− 11	16,8	—	758,44		0,408 / 0,408	183,50	183,50			Bekommt 5[00] Heu, Schrot (1 kg).
6[20]	6803,02	− 11	16,9	—	758,22	X	0,426 / 0,422	171,10	171,10			6[00]. Der Bulle kaut wieder.
7[20]	6844,55	− 11	17,2	—	758,12	XI	0,475 / 0,467	208,5	208,5			Bekommt 7[30] Heu und 1 kg Schrot.
8[20]	6888,55	− 11	17,2	—	758,07	XII	0,461 / 0,457	204,5	204,5			8[40] kaut der Bulle wieder.
9[20]	6930,55	− 11	17,3	—	757,82	XIII	0,475 / 0,474	193,20	193,20			9[20] „ „ „ „
10[20]	6973,78	− 11	17,4	—	757,55	XIV	0,469 / 0,464	175,12	175,12	Ende 10[20]		Zurückgewog. ca. 2 kg Heu (feucht).

Mittel von 10[20] bis 10[20] . . . .   0,403 − 0,04 = 0,363%/₀

Mittel aus den Stichproben von 10[20] bis 10[20] .   1824,6 l

saugestutzen und dem Sammelrohr war ein Waschfläschchen angebracht, beinahe vollständig mit Quecksilber gefüllt, in das der capillar ausgezogene Stutzen gerade eintauchte, um den Rücktritt der einmal abgesaugten Luft zu verhindern. Man bekam so eine sehr genaue Durchschnittsprobe. Die gleiche Einrichtung war auch an dem Rohr für die eintretende Luft angebracht. Die Differenz des CO_2-Gehaltes der beiden Gasproben mit der Menge der Ventilationsluft multipliziert, ergab ohne weiteres die aus dem Kasten entfernte CO_2. Es war nur noch nötig, am Beginn und am Ende eines solchen Versuches, den man beliebig lang ausdehnen kann, — von 1 Stunde bis 24 Stunden — eine Momentprobe zu entnehmen, um über die Menge der dann im Apparat befindlichen CO_2 Aufschluß zu bekommen. Die ersten Versuche im April sind teilweise nach der zuerst beschriebenen Methode ausgeführt, zum Teil auch mit der neuen Modifikation kombiniert und vergleichbar gemacht. Die im Oktober und November sind auch teils Vergleichsversuche der letzteren Art, teils nur mit der kontinuierlichen Probeentnahme durchgeführt und verglichen mit bei gleichem Futter ausgeführten Regnault-Reiset-Versuchen.

Zu Tabelle XVII.

Im Versuch vom 7. IV. wurden in größeren Zeitintervallen Stichproben zur Bestimmung der Kohlensäure genommen, so wie es Tigerstedt bei seinen Untersuchungen am Menschen angegeben hat. Die Kohlensäurewerte pro Stunde (Kol. 10 und 11) zeigen uns in Übereinstimmung mit den Lungenatmungsversuchen, wie rasch und wie gewaltig wechselnde Lebensäußerungen und die Art des Futters diesen Wert beeinflussen. In der Zeit vor dem ersten Futter (relative Nüchternwerte) finden wir recht gleichmäßige Zahlen. Bald nach der Aufnahme von Heu steigt die Kohlensäureausscheidung auf eine sich stundenlang gleichhaltende Höhe, eine nochmalige Steigerung ruft die Aufnahme von 1 kg Schrot hervor (171 l CO_2). Der mächtige Abfall von 171 l auf 133 l in der darauffolgenden Stunde wird dadurch hervorgebracht, daß das Tier 2 Stunden lang liegt, und zeigt wieder recht deutlich, welche Ersparnis von Energie und Kraft gerade für den Wiederkäuer das Liegen bedeutet.

Tabelle
Pettenkofer-Versuch
Tagesfutter: 8 kg Heu, 1,5 kg

Tag	Probe	Zeit	CO_2 %	CH_4 %	Außenluft	Kastentemp. °C	Ventiliert cbm	Stand der Gasuhr	Barometer
Montag morgens	1.	11^{45}	0,315	0,0333	0,08	17,45	—	4305,00	764,24
	2.	2^{45}	0,458	—	—	18,45	130,27	4435,27	763,37
	4.	9^{10}	0,479	0,0383	—	19,2	146,68	4713,37	762,38
Dienstag morgens	5.	3^{02}	0,469	0,0323	—	19,0	254,81	4968,18	760,52
	6.	8^{45}	0,398	0,0273	—	18,5	244,34	5212,52	760,38
	7.	11^{45}	0,466	0,0413	0,08	19,2	130,59	5343,11	760,98

Pettenkofer-Versuch
Tagesfutter: Geringe Menge (1,47 kg) Heu,

Tag	Probe	Zeit	CO_2 %	CH_4 %	Außenluft	Kastentemp. °C	Ventiliert cbm	Stand der Gasuhr	Barometer
	1.	9^{10}	0,242	0,0103	0,04	16,6	—	5467,92	757,26
	2.	3^{10}	0,327	0,0173	—	18,20	255,67	5723,59	757,93
	3.	9^{10}	0,341	0,0153	—	18,65	256,64	5980,23	758,61
Kontinuierl.	12^h	9^{10} bis 9^{10}	0,329	0,0153	—	—	—	—	—
	4.	3^{10}	0,280	0,0143	—	17,7	254,0	6234,22	757,38
	5.	9^{07}	0,276	0,0043	0,05	18,1	250,92	6485,14	752,37
Kontinuierl.	12^h	9^{10} bis 9^{10}	0,294	0,0103	—	—	—	—	—

Zu Tabelle XVIII.

Das gleiche, was von Tabelle XVII gilt, läßt sich auch von Tabelle XVIII sagen. In Kol. 9 sind wieder die Stundenwerte angegeben und stimmen unter den gleichen Bedingungen wie am 7. IV. mit diesem Versuch sehr gut überein. Der höchste Wert wird auch hier nach Aufnahme des Schrotes gefunden. In diesem Versuch stand das Tier durchgehends.

Zu Tabelle XIX.

Im Versuch vom 14. IV. liegen zwischen den einzelnen Stichproben größere Zeitintervalle (3 bis 4 Stunden). Die Verabreichung des Tagesfutters ist eine gleichmäßigere als in den

XXI.
am 18. X. 1910.
Schrot, 1 kg Leinkuchen.

W.D.T.	Gasdruck	Thermometer an d. Gasuhr °C	Pro Stunde produzierte CO_2 Liter	CH_4 Liter	Stichproben CO_2	Kontinuierliche Probe CO_2	CH_4
13,88	750,36	16,3	**159,8**	**14,0**	11^{45} bis 2^{00} 479,5 l	—	11^{45} bis 9^{10} 138,87 l
14,40	748,97	17,08	10^{40} bis 11^{20} Motor repar.			—	
15,2	747,18	17,88	157,7	**18,3**	2^{45} bis 9^{10} 1011,6 l	—	
15,4	745,12	17,99	**156,1**	—	9^{10} bis 3^{02} 915,88 l	—	9^{10} bis 3^{02} 79,28 l
15,1	745,28	17,8	**129,3** [1]	**10,9**	3^{02} bis 8^{45} 739,05 l [1]	—	3^{02} bis 8^{45} 63,0 l
15,6	745,38	18,3	**158,3**	**17,2**	8^{45} bis 11^{45} 475,76 l	—	8^{45} bis 11^{45} 51,8 l
					3621 l		333 l

am 28./29. X. 1910.
1,5 kg Schrot, 180 g Leinkuchen.

W.D.T.	Gasdruck	Thermometer an d. Gasuhr °C	Thermometer trocken	feucht	Stichproben CO_2	Kontinuierliche Probe CO_2	CH_4
14,0	743,26	16,6	17,70°	15,92°	641,7 l	0,329%	—
13,7	744,23	16,1	18,25°	16,15°	—	1444 l	0,0153%
13,8	744,81	16,4	18,25°	16,15°	708,2 l	—	70,48 l
—	—	—	Etliche Minuten Reparatur		1349,9 l	—	
13,7	743,68	16,2	17,90°	15,80°	—	0,294%	—
13,6	738,77	16,1	17,45°	15,72°	562,7 l	—	0,0106%
—	Die Uhr geht bis 9^{34}		—	—	519,0 l	—	42,36 l
					1081,7 l	1083,5 l	
Gesamtmenge in 24 Std. . . .					2431,6 l	2527,5 l	112,84 l

vorhergehenden Versuchen. Das Tier bekommt frühmorgens
Heu und Schrot, dasselbe Futter in gleicher Menge mittags
und abends. Dementsprechend zeigen auch die pro Stunde
berechneten Werte keine großen Schwankungen. In diesem
Versuche wurde zum ersten Male die bereits beschriebene kontinuierliche Probe der austretenden Luft neben den Stichproben
durchgeführt. Von der eintretenden Luft wurde in diesem
Falle keine kontinuierliche Probe genommen, vielmehr auf
Grund einer Stichprobe mit einem mittleren Wert von 0,04%
gerechnet. Um nun das wahrscheinliche Mittel aus den Stich-

---

[1] Während dieser Periode liegt das Tier $3^h 8'$. Vorher hat es bis
12^{20} überhaupt nicht gelegen; von da bis 3^{02} liegt es $1^h 5'$.

Tabelle

Pettenkofer-Versuch

Tagesfutter: 5,0 kg Heu,

Körpergewicht: 540,0 kg vor Eintritt

„ 527,0 kg nach dem

1	2	3	4	5	6	7	8	9	10	11	12
		Gasuhr						Kasten		Kastenluft-temperatur	
Da-tum	Stunde der Probeentnahme für Gasanalysen	Ab-lesungen	Ven-tilations-größe cbm	Mittl. Temp. aus je 12stündl. Ablesgn. der in die Gasuhr ein- u. austretenden Luft °C	Baro-meter	W.D.T. bei Gasuhr-temperatur	Gas-druck im Mittel	Tempe-ratur °C	Gas-druck mm	trock. °C	feucht °C
7. XI.	8ʰ abds.	7009,36	508,45	14,62	737,24	12,42	716,14	15,82	726,69	15,78	12,93
8. XI.	8ʰ morg.	7517,81	—	—	743,30	—	0,81 mm sind abgezog. für den i. Kasten herrschend. Unterdruck von 11 mm = 731,60	—	732,43	15,4	13,05
—	—	—	—	14,68	—	12,46		—	—	—	—
8. XI.	8ʰ abds.	8025,66	507,83	—	748,48	—		16,0	735,75	16,0	14,0

Versuch am

Tagesfutter: 5,0 kg Heu,

Körpergewicht: 531,5 kg vor Eintritt

„ 537,5 kg nach dem

1	2	3	4	5	6	7	8	9	10	11	12
13. XI.	7ʰ abds.	8419,67	—	19,26	745,6	16,6	727,2	21,4	734,8	20,68	16,60
15. XI.	7ʰ morg.	8917,47	497,8	—	742,09	—	—	20,9	727,94	20,5	17,6
15. XI.	7ʰ abds.	9422,87	505,4	19,7	740,25	16,9	724,2	21,7	726,06	20,92	18,46

proben zum Vergleich mit dem Analysenwert aus der kontinuierlichen Probe zu gewinnen, wurden für die Zeit von 10^{10} morgens
bis 9^{10} abends durch Interpolation für die einzelnen Stunden die
Werte berechnet und aus der Summe das Mittel genommen:

10^{10}	0,3465
11^{10}	0,3570
12^{10}	0,3675
1^{10}	0,3960
2^{10}	0,4240
3^{10}	0,4313
4^{10}	0,4385
5^{10}	0,4420
6^{10}	0,4455
7^{10}	0,4520
8^{10}	0,4585
9^{10}	0,4650
12 Stunden	5,0238
Pro 1 Stunde	0,4186
„ 1 „	0,04 für Außenluft
Wahrscheinliches Mittel	0,3786

XXII.

am 7./8. XI. 1910.
1,0 kg Leinkuchen, 1,5 kg Schrot.
in den Respirationsapparat.
Versuch abends 8¹/₄ Uhr.

13	14	15	16	17	18	19	20	21	22	23	24	25
CO_2-Produktion						CH_4-Ausscheidung						CO_2 pro kg und Minute
Ventil.	Außen-luft	Kasten-luft	Ven-tiliert	Menge im Kasten	ins-gesamt	Ventil.	Außen-luft	Kasten-luft	Ven-tiliert	im Kasten	ins-gesamt	
%	%	%	l	l	l	%	%	%	l	l	l	
0,367	0,08	0,3702	1305,0	− 5,13	1299,9	0,0358	0,012	0,039	108,23	29,917	105,0	
—	—	0,3607	—	—	—	—	—	0,035	—	26,60	—	
0,391	—	—	—	—	—	—	—	—	—	—	—	
—	0,068	0,4688	1517	+ 84,61	1601,6	0,0263	0,011	0,034	122,0	26,13	121,50	
					2902,5						**226,5**	

14./15. XI. 1910.
1 kg Leinkuchen, 1,5 kg Schrot.
in den Respirationsapparat.
Versuch abends 7 Uhr.

13	14	15	16	17	18	19	20	21	22	23	24	25
	0,07	0,42	1405	− 28,5	1376,5	0,026	0,003	0,027	102,3	18,14	102,14	
0,386	0,07	0,385	—	—	—	—	—	0,027	—	17,98	—	
0,41	0,08	0,482	1482	+ 64,0	1546,0	0,031	0,003	0,034	125,8	25,39	133,21	
					2922,5						**235,35**	

Daraus berechnet sich für die 11 Stunden des Versuchs
eine Kohlensäureproduktion aus dem Mittel der Stichproben
zu 1710 l, aus der kontinuierlichen Probe zu 1634,5 l oder auf
12 Stunden berechnet:

aus den Stichproben . . . . . **1865 l**
aus der kontinuierlichen Probe . **1782 l**

Es war zu erwarten, daß die nach den beiden Methoden
gefundenen Werte bei der Ungleichmäßigkeit der Kohlensäureausscheidung beim Rind nicht vollständig übereinstimmen
werden.

Zu Tabelle XX.

Versuch am 28. IV. Bei diesem Versuche wurden die
Momentproben wieder regelmäßig jede Stunde genommen. Die
Tagesration wurde so verteilt, daß das Tier morgens im Ganzen
3 kg Heu erhielt, den Rest und das gesamte Schrot abends
in der Zeit von 5 bis 7 Uhr. Während die am Morgen (1 kg)
und Mittag (2 kg) verabreichte Heumenge keine wesentliche
Steigerung der Kohlensäure hervorruft, schnellt dieser Wert

nach Einnahme der 2 kg Schrot wieder mächtig in die Höhe (bis auf 208 l Kohlensäure pro Stunde). Auch in diesem Versuch wurde neben den Momentproben eine kontinuierliche Analysenprobe gesammelt.

Der 12 Stundenwert aus dem Stichproben mit 1824 l und aus der kontinuierlichen Probe mit **1743,7** l zeigen den gleichen Unterschied, wie die Werte des vorausgehenden Versuches.

Die in Tabelle XXI und XXII aufgeführten Versuche unterscheiden sich von den eben besprochenen durch verschiedene verbessernde Erweiterungen. Es sind durchweg 24 Stundenversuche, ferner wurde nicht nur die Kastentemperatur abgelesen, sondern auch die Temperatur der aus der Gasuhr ein- und austretenden Luft bestimmt, ferner der Gehalt der Kastenluft an Wasserdampf, indem unter Benutzung der Umführung die vom Strom der Kastenluft umspülten feuchten und trockenen Thermometer abgelesen wurden. Wenn auch durch diese vermehrten Ablesungen die Resultate wenig beeinflußt werden, so bedeuten sie doch eine wesentliche Verfeinerung der Methode und bedingen eine größere Sicherheit der Resultate. Der wesentlichste Fortschritt gegenüber den früheren Versuchen liegt aber darin, daß wir in diesen Versuchen zum ersten Male auch die Mengen der ausgeschiedenen brennbaren Gase gasvolumetrisch bestimmten.

Der erste Versuch am 18. Oktober wurde beim gleichen Futter wie die Versuche im April durchgeführt und die gefundenen stündlichen Kohlensäurewerte decken sich mit den damaligen.

Besonders beachtenswert ist die Kurve der Methanausscheidung. Die Tagesration wurde wieder so verteilt, daß das Tier morgens um 9 Uhr 3 kg Heu erhielt, zu Mittag 3 kg Heu und 1,5 kg Schrot und abends 2 kg Heu und 1 kg Leinkuchen. Während die Methanausscheidung in der Zeit von 11^{45} morgens bis 9^{10} abends sich auf beinahe gleicher Höhe hält, sinkt sie in den Nachtstunden deutlich ab, um dann unmittelbar nach Rauhfuttergabe innerhalb der ersten 3 Stunden den höchsten Wert zu erreichen.

Das geht auch aus dem folgenden Versuch vom 28. X., einem Hungerversuch, hervor. Es wurden nur geringe Mengen

Heu (1,47 kg) vor dem Versuch verabreicht, während des Versuches bekam das Tier 1,5 kg Schrot und 180 g Leinkuchen. Am Morgen des folgenden Tages wurde kein Futter während der Versuchsdauer verabreicht. Die Beschränkung der Futterration, besonders das Fehlen des Rauhfutters bewirkt einen gewaltigen Abfall der CH_4-Produktion. Während wir bei Erhaltungs- und Mastfutter Mengen von 250 bis 350 l finden, werden in diesem Hungerversuch nur 112 l gebildet. In diesem Versuch wurden auch neben Momentproben zwei je 12 stündliche kontinuierliche Analysenproben genommen. Die Tageswerte differieren auch in diesem Versuche.

Die Momentproben ergeben . . . **1350 l**
Die kontinuierliche Probe . . . **1444 l**

Der Unterschied ist aber in entgegengesetztem Sinne, wie in den vorigen Versuchen.

In der Nachtperiode, wo das Tier relativ nüchtern war und dementsprechend die CO_2-Produktion den niedrigsten Wert hatte, den wir bis jetzt fanden, wurde die CO_2-Ausscheidung weder durch Futteraufnahme, noch durch Verdauungsarbeit und Schwankungen der Gärung beeinflußt, sondern verlief gleichmäßig. Hier stimmen denn auch die Werte vollständig überein. Es betrug die Kohlensäureproduktion

nach den Momentproben . . . . **1081,7 l**
nach der Analyse der kontinuierlichen Probe . . . . **1083,0 l**

Auf Grund dieses Versuches möchte ich sagen, daß bei Anwendung des Pettenkofer-Tigerstedtschen Prinzipes und der gasanalytischen Methoden nur die kontinuierliche Probeentnahme der Analysenluft sichere Tageswerte garantiert, während die Momentproben, allein angewandt, eine gewisse Unsicherheit in die Tagesbilanz bringen, dafür aber — wenn jede Stunde der Gehalt an Kohlensäure bestimmt wird — wichtige Aufschlüsse über die Schwankungen der Stundenwerte unter dem Einfluß physiologischer Momente ergeben.

Das Richtige ist, beide Methoden zu kombinieren, so wie ich es in den letzten Versuchen ausgeführt habe.

Die Vergleichsversuche nach dem Regnault-Reiset-Prinzip.

I. Versuch am 2. und 3. IX. 1910.

Morgens 9^{20} kommt das Tier in den Kasten. Gewicht des Tieres 510 kg. Versuch beginnt vormittags 11^{20} und dauerte genau 24 Stunden und 3 Minuten. Tagesfutter 8 kg Heu, 1,5 kg Schrot, 1 kg Leinkuchen, also das gleiche Regime wie im Pettenkofer-Versuch vom April und vom 18. X.

Zu Beginn des Versuches herrschten folgende Temperaturverhältnisse.

Vor dem Absorptionsturm trocken $17,15^0$, feucht $14,1^0$
Hinter　　„　　　　„　　　　„　　$12,0^0$,　　„　　$10,6^0$

Barometer 762,82 mm; W.D.T. 10,4 mm, also Gasdruck 752,42 mm. Die Kastenluft zeigt zu Beginn folgende Zusammensetzung:

$$0,06\,^0/_0 \ CO_2$$
$$20,62\,^0/_0 \ O_2$$
$$79,32\,^0/_0 \ N_2 + CH_4$$
$$0,02\,^0/_0 \ CH_4$$

Von dem Gesamtinhalt des Apparates von 87 cbm sind für das Tier- und Laugevolumen 582 l in Abzug zu bringen, so daß das Luftvolumen 86,418 cbm, der mit Hilfe obiger Ablesungen reduzierte Wert 80,49 cbm beträgt. Daraus berechnet sich folgende Zusammensetzung der Kastenluft:

$$48 \, l \ CO_2 \quad 16,6 \text{ cbm } O_2 \quad 63,955 \text{ cbm } N_2$$
$$16 \, l \ CH_4$$

Am Ende des Versuches wurden folgende Temperaturablesungen gemacht:

Vor dem Absorptionsturm trocken 18^0, feucht $16,72^0$
Hinter　　„　　　　„　　　　„　　$6,69^0$, „　　$6,04^0$

Das Barometer zeigte 763,42 mm, die W.D.T. 13,36 mm, also Gasdruck 750,06 mm.

Die Kastenluft zeigte am Ende folgende Zusammensetzung:

$$0,716\,^0/_0 \ CO_2$$
$$16,97 \ ^0/_0 \ O_2$$
$$82,314\,^0/_0 \ N_2 + CH_4$$
$$0,314\,^0/_0 \ CH_4$$

Der reduzierte Inhalt des Apparates ist am Schluß 80,04 cbm und setzt sich zusammen aus

573 l CO_2 13,583 cbm O_2 65,632 N_2
253 l CH_4

An Außenluft wurden 1615 l hineingeschickt (reduziert 1496,8 l), damit 312,8 l O_2 und 1184 l N_2.

Die Anreicherung an N_2 berechnet sich aus dem zu Anfang und Ende vorhandenen Kastenstickstoff auf 1677 l, so daß also 493 l N_2 eingedrungen sind und damit 131 l O_2. Der Sauerstoffverbrauch berechnet sich folgendermaßen:

Aus dem Kastenvorrat . . 3017 l
Mit Außenluft eingelassen . 313 l
Eingedrungen . . . . . . 131 l

Summa . 3461 l in 1443 Min.
In 1440 Minuten . . . . 3454 l[1]).

Es hängt, wie in der Fußnote dargelegt, die Genauigkeit und Sicherheit der Werte weniger von der Dichtigkeit des Apparates, als von der Feinheit der Sauerstoffbestimmung ab. Wir haben nach dem Petterson-Prinzip einen O_2-Analysenapparat konstruiert, mit dessen Hilfe die 3. Dezimale mit Sicherheit zu bestimmen ist. Untersuchungen über den Wert einzelner O_2-Absorptionsmittel und die Beschreibung des neuen Apparates folgt demnächst.

Kohlensäurebilanz.

In der Lauge waren . . 3030,4 l CO_2 absorbiert
Anreicherung im Kasten 525,5 l

Gesamtproduktion . . . 3555,9 l in 1443 Min.
3548,0 l in 1440 Min.

---

[1]) Dieser Wert ist infolge eines Versehens etwas zu klein ausgefallen. Es wurde erst 6 Stunden nach Beginn des Versuches bemerkt, daß der Quetschhahn einer fast capillaren Nebenleitung im Verbindungsrohr vom Gebläse zum Kasten offen geblieben war, so daß, da in dieser Leitung ein Überdruck herrscht, unbekannte Mengen, aber wohl einige 100 l Luft entweichen konnten. Unter der sicher zu hohen Annahme, daß 1000 l entwichen wären, mit einem durchschnittlichen Sauerstoffgehalt von 20,1 %, wären 201 l Sauerstoff verloren gegangen. Für die entwichene Luft hätten wir ebenfalls 1000 l aus dem Gasometer nachmessen müssen, mit einem durchschnittlichen Sauerstoffgehalt von 20,9 %. Damit wären 209 l Sauerstoff hineingelangt. Die Differenz zwischen dem entwichenen und dem eingetretenen Sauerstoff beträgt also nur 8 l, die vom Tier verbraucht worden sind. Für die Analyse würde dies einen Fehler von $1/100$ % bei der Sauerstoffbestimmung bedingen. Auf die Kohlensäureausscheidung hat dieses Versehen keinen Einfluß, da die entwichene Luft nach Passieren des Laugenturms praktisch kohlensäurefrei ist.

Vergleichen wir damit die CO_2-Produktion im Pettenkoferversuch mit 3621 l, so fällt die Differenz in die durch das wechselnde Verhalten des Tieres bedingte Fehlergrenze.

II. Respirationsversuch am 22. XI. 1910.

Futterregime: 5 kg Heu, 1,5 kg Schrot, 1 kg Leinkuchen.

Der Versuch beginnt nachmittags 2^{12} und dauert 23 Stunden und 50 Minuten.

Gewicht des Tieres 525 kg. Temperaturen zu Beginn des Versuches

vor dem Absorptionsturm trocken 20,9°, feucht 16,68°
hinter „   „   „   16,5°,   „   14,8°

Das Barometer stand auf 752,46 mm, die W.D.T. betrug 11,54 mm. Der Gasdruck 740,92 mm.

Die Gasanalysen ergaben folgende Zusammensetzung der Kastenluft:

$$0,03\,\%\ CO_2$$
$$20,380\,\%\ O_2$$
$$79,596\,\%\ N_2 + CH_4$$
$$0,042\,\%\ CH_4.$$

Das auf 78,24 cbm reduzierte Gasvolumen des Apparates setzte sich demnach aus 23,5 l CO_2, 15,94 cbm O_2, 62,241 cbm N_2 und 32,8 l CH_4 zusammen.

Temperaturablesungen am Ende des Versuchs:
Vor dem Absorptionsturm trocken . .   15,50°, feucht 9,30°
Nach „   „   „   . . $+$ 0,65°,   „ $-$0.15°
Barometer . . . . 757,39 mm W.D.T. 5 mm

Gasdruck 752,39 mm. Analysen der Kastenluft $0,17\,\%$ CO_2, $17,39\,\%$ O_2, $82,10\,\%$ N_2, $0,342\,\%$ CH_4.

Das 81,025 cbm betragende reduzierte Endvolumen setzt sich zusammen aus 137,7 l CO_2, 14,09 cbm O_2, 66,521 cbm N_2 und 277,1 l CH_4.

Mit dem Gasometer wurden an Außenluft 6022 l[1]) hineingemessen und damit 4395 l N_2 und 1161 l O_2. Herausgesaugt wurden 81 l, damit 13,2 l O_2 und 62,4 l N_2. Es wurden also

---

[1]) Es mußte deswegen so viel Außenluft hineingeschickt werden, weil in der zweiten Periode (Kälteperiode) von 22 auf 15° heruntergegangen wurde.

4333,1 N_2 und 1148 l O_2 hineingeschickt. Aus den vorhandenen N-Mengen zu Anfang und zu Ende ergibt sich eine Anreicherung von 4280 l N_2, so daß also 53 l N_2 und damit 13 l O_2 ausgetreten sind. Demnach stellt sich die Sauerstoffbilanz folgendermaßen:

1. Aus dem Kastenvorrat . . . . 1849 l
2. Mit Außenluft hineingeschickt . . . . 1135 l

Summa 2984 l

Beim Einschleusen von Menschen
eingeführt . . . . 17 l
in 23 Stunden 50 Minuten verzehrt . . . 3001 l
in 24 Stunden . . . . 3021 l

Die Kohlensäureproduktion betrug in
24 Stunden . . . . 3140 l
und zwar von 2 Uhr mittags bis 2 Uhr
nachts in einer Wärmeperiode (22°) . . 1564 l
Von 2 Uhr nachts bis 2 Uhr mittags in
einer Kälteperiode (14 bis 15°) . . . . 1578 l

Auch im getrennt berechneten Sauerstoffverbrauch der zwei Perioden zeigen sich keine großen Differenzen, so daß aus diesem Versuch hervorgeht, daß Temperaturschwankungen zwischen 14 und 22° auf den Verbrauch beim Wiederkäuer keinen merklichen Einfluß ausüben. Im übrigen zeigen die beiden Versuchshälften deswegen einen annähernd gleichen Sauerstoffverbrauch und Kohlensäureproduktion, weil sie Verdauungs- und relative Nüchternstunden gleichmäßig umfassen.

III. Regnault-Reiset-Versuch, 30. XI. 1913.

Der Versuch beginnt 12⁴⁰ mittags und dauert 24 Stunden. Gewicht des Tieres 531 kg. Futter wie im vorausgegangenen Versuch. Folgende Temperaturverhältnisse herrschen zu Beginn:

Vor dem Laugenturm:
trocken 16,0°, feucht 10,5°
Hinter dem Laugenturm:
trocken 1,5° feucht 0,8°

Barometer 756,07 mm. Wasserdampftension 6,12 mm, also Gasdruck 749,95 mm.

Die Analyse der Kastenluft ergab:

$0,255\,^0/_0$ CO_2, $20,615\,^0/_0$ O_2, $79,13\,^0/_0$ $N_2 + CH_4$, $0,032\,^0/_0$ CH_4, so daß sich die auf 80,64 cbm reduzierte Kastenluft aus

205 l CO_2,   16,624 cbm O_2,   63,784 cbm N_2, 25,8 l CH_4

zusammensetzt.

Am Ende des Versuchs wurden folgende Temperaturablesungen gemacht:

Vor dem Laugenturm:

trocken 22,1 ^{0},   feucht 16,8 ^{0}

Hinter dem Laugenturm:

trocken 13,68 ^{0},   feucht 11,75 ^{0}

Barometer 758,12 mm, Wasserdampftension 10,9 mm, Gasdruck 747,22 mm.

Die Analyse der Kastenluft ergab:

$3,26\,^0/_0$ CO_2, $18,01\,^0/_0$ O_2, $78,73\,^0/_0$ $N_2 + CH_4$, $0,315\,^0/_0$ CH_4, demnach bestand das auf 78,585 cbm reduzierte Volumen aus: 2562 l CO_2, 14,153 cbm O_2,   61,622 cbm N_2 und 247,5 l CH_4.

Wie hieraus und aus der Analyse hervorgeht, fand im Absorptionsturm infolge eines Defektes der Laugenpumpe keine genügende Bindung der Kohlensäure statt. Es mußten deshalb große Mengen Gas, zumal wir auch noch 1106 l Sauerstoff aus einer Stahlbombe hineinpreßten, durch das Gasometer gemessen und ins Freie geschickt werden. Die Menge des herausgesaugten Gases betrug 3349 l, red. 3144 l damit bei einem aus End- und Anfangsanalyse gemittelten Wert

600 l O_2,   2470,8 l N_2,   67 l CO_2 und 6,5 l CH_4.

Aus der tatsächlich vorhandenen Menge N_2 am Schlusse ergibt sich der Anfangsmenge gegenüber ein Defizit von 2163 l N_2, so daß unter Berücksichtigung, daß 29 l N_2 aus der Sauerstoffbombe hinzukamen, auf unbekanntem Wege noch 278 l N_2 eingetreten sind und damit noch 73 l O_2.

Die Sauerstoffbilanz stellt sich demnach zusammen aus:

1. der Abnahme des Kastenvorrats . . . . . 2471 l
2. Zufuhr der Sauerstoffbombe . . . . 1106 l
3. mit Außenluft eingedrungen . . . .   73 l

Summa   3650 l

Mit Kastenluft ins Freie geschickt . . . . 600 l

also bleiben . . . . 3050 l

Durch Schleusungen kamen hinein . . . .   18 l

tatsächlicher Verbrauch . . . . 3068 l

Die Kohlensäurebilanz setzt sich zusammen:

1. Es fanden sich am Schluß im Kasten 2562 l CO_2

zu Beginn . . . . 205 l

produziert . . . . 2357 l

2. In der Lauge waren absorbiert . . 340 l

Summa 2697 l

Mit der Kastenluft und durch Schleusen

wurden herausgesaugt . . . . . . 73 l + 18 l

so daß vom Tier tatsächlich produziert

wurde . . . . 2788 l

3. Dazu kommen schätzungsweise im

Tierkörper gebunden[1]) . . . . . . 75 l

Summa 2863 l

Die Methanproduktion belief sich auf 228,2 l

Ich nehme nun zum Vergleich das Mittel aus den zwei Pettenkofer-Versuchen und den zwei letzten Regnault-Reiset-Versuchen; es ergeben sich dann:

	O_2 l	CO_2 l	CH_4 l
Pettenkofer-Versuche	—	2912	237
Regnault-Reiset-Versuche . .	3044	2999	230

Die Resultate der Kohlensäureproduktion und der Methanausscheidungen ergeben bei diesem Vergleich befriedigende Übereinstimmungen.

VII. Zur Methodik.

Gasanalytische Bestimmung geringer Mengen Methan und Wasserstoff (Differentialmethode).

Beim Beginn unserer Versuche betraute mich Geheimrat Zuntz mit der Aufgabe, in Verbindung mit dem Tigerstedt-Sondénschen Apparat, eine Methode zur Bestimmung geringer Mengen Methan und anderer brennbarer Gase, wie Wasserstoff, auszuarbeiten. Die brennbaren Gase sollten in einem mit der Meßpipette kommunizierenden Glasgefäß durch elektrisch zum Glühen gebrachten Platindraht verbrannt werden. Für uns

---

[1]) Das Tier atmete am Schluß des Versuchs in einer Atmosphäre, die 3,26% CO_2 enthielt.

kam die Menge des von dem Rind ausgeschiedenen Methans und Wasserstoffs innerhalb eines geschlossenen Respirationssystems, wo sich die brennbaren Gase im Verlaufe von 24 Stunden anreicherten, in Betracht. Der Apparat ist in Landw. Versuchsstat. **79/80**, 811 abgebildet.

Die Wände eines ca. 100 ccm fassenden Glasgefäßes, das mit Quecksilber gefüllt wird, sind von zwei Platindrähten durchsetzt, die ca. 1 cm in das Innere der Pipette hineinreichen. Zwischen den beiden Polen ist eine Platinspirale aufgehängt. Diese Spirale wird durch einen elektrischen Strom, reguliert durch einen vorgeschalteten Widerstand, bei der Analyse in Rotglut versetzt.

Eine große Störung hat sich dadurch ergeben, daß das Quecksilber beim Herübertreiben der Luft aus der Meßpipette sich nur schwer vollständig von dem Platin loslöst. Für gewöhnlich bleibt eine feine Quecksilber- und Amalgamschicht auf dem Platin haften. Setzte ich nun eine Spur Chlorwasserstoffsäure dem über dem Quecksilber liegenden Wassertropfen zu (was ich dadurch erreichte, daß ich aus einer Chlorwasserstoffflasche Dämpfe in die Glühpipette hineinsaugte), so schälte sich das Quecksilber glatt von den Platindrähten ab, so daß die Spirale immer blank und rein blieb und auch an den Drähten keine Spur von Amalgam haftete. Ließ man diese Vorsichtsmaßregeln außer acht, so gelang es nicht, eine Konstanz des Luftvolumens nach einer Verbrennung zu erreichen.

Zur Illustration möchte ich folgendes anführen.

In der Glühpipette eines neuen Apparates wurde gewöhnliche Luft geglüht, ohne nach mehreren Verbrennungen eine Konstanz des in der Meßröhre abgelesenen Gases erreichen zu können, (die Abnahme betrug immer mehr wie 0,01 $^0/_0$) und es sollte der Apparat bereits wieder wegen Undichtigkeit dem Glasbläser zurückgegeben werden. Auf meine Erfahrung mit Zusatz von Chlorwasserstoff wurde nun eine Spur Chlorwasserstoff in die Glühpipette gebracht, und von diesem Moment ab war das Luftvolumen bei mehreren Verbrennungen vor und nach dem Glühen absolut konstant. Überdies scheint auch Chlorwasserstoffgas als ein Katalysator[1] bei der Verbrennung zu

---

[1] Vgl. W. Ostwald, Die wissenschaftlichen Grundlagen der analytischen Chemie. 5. Aufl. 1910, S. 78.

wirken. Doch muß man sich hüten, zuviel der Salzsäure in die Glühpipette zu bringen, weil dann das Quecksilber wieder an dem Draht hängen bleibt (anfängt zu schmieren). Es genügen 3 bis 4 Tropfen auf ca. 300 ccm destillierten Wassers, das in die Glühpipette eingeführt wird, oder aber ein sekundenlanges Einsaugen von Luft aus einer gewöhnlichen, mit $25\,^o/_o$ Salzsäure gefüllten Laboratoriums-Chlorwasserstoffflasche. Zur vollständigen Verbrennung des in den 60 ccm Luft befindlichen brennbaren Gases (Gehalt bis zu $0,4\,^o/_o$ in meinen Versuchen) genügen ca. 8 Minuten. Sollte sich bei der zweiten Verbrennung noch eine Contraction von $0,01\,^o/_o$ oder mehr zeigen, so ist die Glühpipette nach meinen Erfahrungen nicht in Ordnung. Es verbrennt dann Quecksilber. Ein deutliches Zeichen für diese Verbrennung ist folgende Beobachtung: bei einer richtiggehenden Verbrennung fließt das an den Glaswänden der Pipette sich kondensierende Wasser rein und klar an denselben herunter. Verbrennt auch Quecksilber, so bemerkt man in der dünnen abfließenden Wasserschicht staubfeine graue Bestandteile. Man muß daher vor jeder Versuchsreihe die Probe machen, daß gewöhnliche Luft nach dem zweiten Glühen absolut keine Contraction mehr erleidet. Wie aus der Abbildung hervorgeht, befindet sich ca. 7 cm über der Glühspirale ein Glashahn. Es ist klar, daß durch die immerhin 4 bis 600° betragende Hitze der Spirale Spuren von dem Fett, mit dem dieser Hahn eventuell geschmiert ist, in die Flüssigkeit übergehen und in die zwischen dem Hahn und der Verbrennungspipette befindliche Capillare fließen und von hier auf das Quecksilber gelangen. Nach meinen ersten schlechten Erfahrungen habe ich diesen Glashahn überhaupt nicht mehr geschmiert, und bei etlicher Übung läßt sich auch mit einem ungeschmierten gutgeschliffenen Glashahn ausgezeichnet manipulieren. Nachdem nun die Verbrennungspipette auf diese Art und Weise vorbereitet ist (ich unterlasse, hier alle die Vorbereitungen anzuführen, die zu einem chemisch reinen Quecksilber führen, und die unerläßliche Vorbedingungen zu einer richtigen Analyse sind), gibt es noch drei Punkte, die das Resultat unstimmig machen können:

1. Barometerschwankungen,
2. Temperaturschwankungen,
3. die Differenz der Wasserdampfspannung bei der Messung

der geglühten und der darauf mit Kalilauge in Berührung gebrachten Luft.

1. Barometerschwankungen.

Die Hauptmasse des geglühten Gases ist unabhängig von den Barometerschwankungen, weil jede Änderung durch die zweite, dem Volumen nach gleiche Pipette des Sondénschen Apparates, die als Thermobarometer dient, ausgeglichen wird. Nur das Gas in dem ca. 1 ccm haltenden Steigrohr von der Kalilaugepipette bis zur Meßpipette ist den Änderungen des Barometers unterworfen, und da eine Verbrennungsanalyse ca. 1 Stunde dauert und die Volumenmessung durch das Tropfenmanometer sehr empfindlich ist $(0,001\,^0/_0)$, so wird durch eine starke Barometerschwankung bei der Messung ein merklicher Fehler hervorgerufen. Es ist dann der im Steigrohr auf eine genau fixierte Linie eingestellte Laugenmeniskus verschoben.

2. Temperaturschwankungen.

Größer ist der Fehler, der durch Temperaturschwankungen hervorgerufen wird, weil sich mit diesen auch der Absorptionskoeffizient der Absorptionsflüssigkeit (ca. $20\,^0/_0$ ige Kalilauge) für Luft ändert.

Um den Einfluß des je nach der Temperatur der Kalilauge sich ändernden Absorptionskoeffizienten auf das Resultat zu studieren, wurde folgender Versuch gemacht:

Der Wassermantel wurde um etwa $1,5^0$ auf $14,2^0$ gekühlt. Die Volumenablesung des CO_2-freien Gases ergab 100,44 ccm. Viermal wurde die Luft in die Lauge getrieben und jedesmal erfolgte eine gleiche Verminderung des Volumens um $0,005\,^0/_0$. Erst das fünfte Mal, nachdem inzwischen die Temperatur wieder auf $15,4^0$ gestiegen war, blieb das übriggebliebene und wieder gemessene Gasvolumen gleich. Umgekehrt nimmt das Volumen, wenn die Kalilauge kurz vorher erwärmt worden ist, um die gleiche Größe zu. Dieser Fehler läßt sich dadurch ausschalten, daß man die Temperatur im Analysenzimmer möglichst konstant erhält, eventuell, wenn die Zimmertemperatur unter dem Mittel der letzten Zeit liegt, durch eine in der Nähe stehende Lampe schon 1 Stunde vor Beginn einer Analyse die Kühlwassertemperatur auf einen höheren Wärmegrad bringt. Ob ein durch die Gasabsorption in der Lauge bedingter Fehler vorhanden ist, läßt sich leicht feststellen, indem man das Gas nach vollendeter Absorption der Kohlensäure nochmals in die Lauge treibt. Hierbei auftretende Änderung des Volumens läßt die Größe und Richtung des Fehlers erkennen.

3. Differenz der Wasserdampfspannung.

Nach Beseitigung des durch die Temperatur bedingten ausschaltbaren Fehlers bleibt nur noch die Differenz der Wasserdampfspannung in dem geglühten und dem in die Kalilauge übergetriebenen Gase. Es ist bemerkenswert, mit welcher Geschwindigkeit Temperaturausgleiche vor sich gehen. Treibt man das noch warme Gas aus der Glühpipette in die Meßpipette zurück und bestimmt sofort die durch die Verbrennung entstandene Contraction, so bleibt die gefundene Größe schon nach wenig Minuten gleich. Diese Volumengleichheit bleibt auch die nächsten 20 Minuten konstant. Treibt man darauf das mit Wasserdampf gesättigte Gas in die ca. $20\,^0/_0$ ige Kalilauge, bestimmt dann die absorbierte, aus den brennbaren Gasen entstandene Kohlensäure, so bekommt man einen Wert, der höher ist, als überhaupt nach der gefundenen Contraction theoretisch möglich ist. Erst ganz allmählich im Verlauf einer Zeit von 1 bis 2 Stunden sättigt sich das in der Kalilauge gewesene Gas wieder mit Wasserdampf[1]). Nachdem die hierdurch bedingte Zunahme des Volumens ihr Ende erreicht hat, findet man für die Kohlensäure einen Wert, der dem aus der gefundenen Contraction unter der Annahme der Verbrennung von CH_4 berechneten vollständig entspricht. Der Fehler, der durch die Wasserdampfabsorption hervorgerufen wird, beträgt ca $0,007\,^0/_0$ bei $20\,^0/_0$ iger Lauge.

Ich habe nun diese Schwierigkeit auf folgende einfache Weise auszuschalten versucht und auch beseitigt. Zur Kontrolle, ob die brennbaren Gase beim ersten Mal auch wirklich vollständig verbrannt sind, mußte ich eine zweite Verbrennung vornehmen. Wenn sich nun bei der zweiten Verbrennung auch keine Contraction ergab (die zweite Verbrennung geschah unter

---

[1]) J. Geppert, Die Gasanalysen und ihre physiologische Anwendung, Berlin 1885, beobachtete ebenfalls, daß es Stunden dauert, bis sich das in einem Eudiometer über Quecksilber befindliche Gas bei Vorhandensein von Spuren von Wasser vollständig sättigt.

den gleichen Bedingungen wie die erste), so fand sich doch gewöhnlich nach der Überführung in die Kalilauge eine Verringerung des Volumens. Blieb nun der Barometerstand ziemlich gleich und war auch eine meßbare Temperaturänderung nicht eingetreten, so war die Größe des Fehlers, die durch Abnahme der Wasserdampfspannung bedingt wurde, in den Kontrollanalysen ebenfalls gleich. Sollte sich auch noch die Temperatur ändern, so würde die Volumabnahme einen der Temperatur entsprechenden höheren oder niederen Wert ergeben. So kann es kommen, daß der Fehler, der für die Differenz in der Wasserdampfspannung in Betracht kommt, konstant ist, aber vermehrt, verringert, oder ganz zum Verschwinden gebracht werden kann durch eine Steigerung oder Abfall der Temperatur. Da die Zeitdauer der ersten Verbrennung und Absorption der zweiten gleich ist, so sind auch diese Fehlergrößen sehr konstant. Nach meinen Beobachtungen beträgt der Fehler für die Differenz der Wasserdampfspannung $0{,}007\,^0/_0$. Änderung der Temperatur nach oben oder unten im Verlauf einer Analyse um $0{,}3^0$ bedingt noch eine Steigerung oder Minderung des Fehlers um $0{,}005\,^0/_0$. Hat man vor Beginn einer Analyse nicht für konstante Temperatur gesorgt, so bedarf es mindestens dreier Analysen, bis die durch die Temperatur bedingte Differenz aus den Analysenwerten verschwindet.

Zusammenfassung.

1. Es wird eine Verbesserung der Zuntzschen Methode der Gaswechselmessung angegeben, wodurch eine genauere Verfolgung des Einflusses der biologischen Vorgänge auf den Gaswechsel ermöglicht wird.

2. Es wird eine Modifikation des Tigerstedtschen Prinzips beschrieben, durch die genaue Durchschnittswerte längerer und kürzerer Zeitperioden gewonnen werden.

3. Es wird eine gasanalytische Methode zur genauen Bestimmung kleinster Mengen brennbarer Gase mitgeteilt.

4. Es wird gezeigt, daß unter Berücksichtigung der Besonderheiten jeder Methode die drei üblichen Prinzipien (das Zuntzsche, das Pettenkofersche und das R.-R.-Prinzip) beim Studium des Gaswechsels der Wiederkäuer einander in wünschens-

werter Weise ergänzen und, wo die Resultate vergleichbar sind, gute Übereinstimmung ergeben.

5. Es wird gezeigt, daß die Berechnung der Energiebilanz allein auf Grund der durch die Respirationsversuche gewonnenen Daten (O_2-Verbrauch und CO_2-Ausscheidung) mit der durch die chemische Analyse der Einnahmen und Ausgaben vervollständigten übereinstimmt.

6. Es wird bewiesen, sowohl durch die Kanülenversuche als auch 24 stündige Kastenversuche, daß die durch die mechanische Beschaffenheit des Futters bei einmägigen Tieren beobachtete, auf mechanische Verdauungsarbeit bezogene Steigerung des Verbrauchs beim Wiederkäuer nur gering ist und im wesentlichen durch den Akt des Kauens und Wiederkauens bedingt ist.

7. Bei unserem geschlechtsreifen Bullen war die Kastration ohne Einfluß auf den Energiestoffwechsel.

8. Es werden Versuche mitgeteilt zur Bestimmung der Haut- und Darmatmung. Es ergab sich, daß beim Rind mehr als $14\,^0/_0$ der Gesamtkohlensäure auf die Darm- und Hautatmung entfallen.

9. Meine Resultate in bezug auf den Energieaufwand für Kauen und Wiederkauen stimmen mit denen Pächtners und Dahms gut überein.

10. Den Energieaufwand für Stehen finde ich bei meinem älteren Versuchstier höher, als ihn Dahm bei dem gleichen Tier in früher Jugend bestimmt hat. Meine Zahlen stimmen mit den von Armsby im Calorimeter gefundenen gut überein.

11. Der Vergleich meiner Versuche mit denen von Dahm ergibt, daß der Erhaltungsbedarf in den verschiedenen Lebensaltern des Rindes sich sehr annähernd der Körperoberfläche proportional verhält.

12. Zur genaueren Erforschung der so komplizierten Verdauungsvorgänge beim Wiederkäuer, zum eingehenden Studium der Wirkungen der Futtermittel, Futtergemische und der bei ihrer Konservierung entstehenden Gärprodukte auf die Milch- und Fleischproduktion und zur genauen Kenntnis der Wertigkeit unserer Bodenprodukte (z. B. der Kartoffel), sowie der von Landwirtschaft und Industrie gelieferten Abfälle (Schlempe, Melasse, Ölkuchen), besonders für unser wertvollstes Nutztier,

müssen die drei zur Erforschung des Energiestoffwechsels gebräuchlichen Methoden, da jede ihre speziellen Vorzüge besitzt, kombiniert werden. Besonderes Interesse verlangen die Bestimmungen der Verluste, die die Nahrungsstoffe infolge von Bildung von CO_2, CH_4 und H bei der Pansengärung erleiden.

Die Wichtigkeit solcher Untersuchungen für die deutsche Landwirtschaft, und damit für die Gesamtheit des Volkes und für seine Ernährung ist oft betont worden, hat aber leider — auch in den Kreisen, die dazu berufen wären — noch nicht den Grad der Beachtung gefunden, den sie verdiente.

Zur Durchführung derartiger Versuche hat sich, wie aus den mitgeteilten Versuchen hervorgeht, der Zuntzsche Universal-Respirationsapparat weitgehend bewährt.

Lebenslauf.

Ich, Eduard Friedrich Wilhelm Klein, bin geboren am 5. März 1885 zu Wassertrüdingen, Bayern (Mittelfranken), als Sohn des Kaufmanns und Magistratsrates Eduard Klein und seiner Ehefrau Marie, geb. Hümmer. Nach Besuch der Volksschule kam ich ans Progymnasium Nördlingen. Nach Absolvierung dieser Anstalt besuchte ich das Gymnasium zu Neuburg a. D., wo ich im Jahre 1904 das Reifezeugnis erwarb. Ich begann dann mein Studium an der tierärztlichen Hochschule zu München, bestand nach drei Semestern das tent. physicum, siedelte zu Beginn des fünften Semesters an die Berliner tierärztliche Hochschule über, wo ich im Jahre 1909 das Staatsexamen ablegte. Vom Oktober 1909 bis Oktober 1910 diente ich als Einjährig-Freiwilliger beim 1. G.-F.-A.-R. Seit April 1910 bin ich Assistent am tierphysiologischen Institut der Landwirtschaftlichen Hochschule zu Berlin.

Herrn Geh. Regierungsrat Professor Dr. N. Zuntz, meinem hochgeehrten Chef, auch an dieser Stelle für sein immer reges Interesse, für seine unerschöpflichen Anregungen und tätige Hilfe, sowohl bei Anstellung der Versuche als auch besonders bei der Zusammenstellung und Deutung der Resultate, herzlichen Dank zu sagen, ist mir eine angenehme Pflicht. Auch meiner Freunde, der Herren Prof. Dr. Pächtner und Dr. von der Heide, möchte ich in Dankbarkeit gedenken. Während der erstere mich mit der Technik der gasanalytischen Methode und der Handhabung des großen Respirationsapparates, bei dessen Instandsetzung und Eichung er hervorragend beteiligt war, vertraut machte und mir auch späterhin mit klugem Rat förderlich war, war es der letztere, der bei Durchführung der anstrengenden 24 stündigen Regnault-Reiset-Versuche mir treu zur Seite stand und mir auch das Material der nötigen chemischen Analysen, die zur Abrundung der Arbeit erforderlich waren, in uneigennützigster Weise überließ.

———————